成事心法

梧桐 成杰 著

图书在版编目（CIP）数据

成事心法 / 成杰, 梧桐著. -- 广州：广东旅游出版社, 2022.7
ISBN 978-7-5570-2272-3

Ⅰ. ①成… Ⅱ. ①成… ②梧… Ⅲ. ①人生哲学—通俗读物 Ⅳ. ① B821-49

中国版本图书馆 CIP 数据核字（2022）第 039311 号

出　版　人：刘志松
责任编辑：林伊晴
责任校对：李瑞苑
责任技编：冼志良

成事心法
CHENGSHI XINFA

广东旅游出版社出版发行
（广州市荔湾区沙面北街 71 号　邮编：510130）
印刷：文畅阁印刷有限公司
（河北省保定市高碑店市世纪大街北侧）
联系电话：020-87347732　　邮编：510130
880 毫米 ×1230 毫米　32 开　9 印张　216 千字
2022 年 7 月第 1 版第 1 次印刷
定价：58.00 元

［版权所有　侵权必究］
本书如有错页倒装等质量问题，请直接与印刷厂联系换书。

目录

序　智慧初心

静：探索智慧之源，让生命更充沛　　02

进：培育智慧之根，让生命更厚重　　07

净：传递智慧之钥，让生命更柔软　　12

境：开启智慧之门，让生命更宽广　　17

01　生命的拥有在于时时感恩

静：在智慧的深海里，做一条感恩的鱼　　003

进：巨海人的微笑式感恩　　009

净：鞠躬里蕴含的感恩之心　　016

境：心怀感恩，内在和谐　　022

02 生命的能量在于焦点利众

静：怀利众之心，做最美"逆行者" ……031

进：焦点利众，做托起太阳的人 ……037

净：水洗万物而自清，人利众生而自成 ……043

境：利众者伟业必成，一致性内外兼修 ……049

03 生命的伟大在于心中有梦

静：我的人生是我设计的 ……055

进：让更多稚嫩的梦想在巨海崛起 ……061

净：梦想，铸就博爱利众生态链的根基 ……068

境：梦想于独处中绽放 ……074

04 生命的强大在于历经苦难

静：苦难是人生的导师 ……081

境：不破不立，逆境重生 ……086

05 生命的喜悦在于传道分享

静：世界属于独立思考并乐于分享的人 093
进：越分享，越喜悦 099
净：在分享中找到更好的自己 105
境：传道分享，生命中的高光时刻 111

06 生命的价值在于普度众生

静：生命的意义在于帮助 119
进：愿普罗米修斯的火种传遍世界 124
净：普度众生就是做好自己 130
境：走进市场，赋能顾客，做地面的飞行者 137

07 生命的绽放在于内在丰盛

静：内在丰盛就是向内生长，向下扎根 147
进：乘风破浪的"艾丽"们 153
净：寻找心灵的自由 159
境：会当凌绝顶，一览众山小 164

08 生命的幸福在于用心经营

静：做自己幸福的投资人   173
进：幸福的拐点   179
净：幸福的存钱罐   184
境：我们要幸福地去追寻幸福   190

09 生命的成长在于日日精进

静：探索生命的宽度   199
进：拥有成长性思维   205
净：在希望里重生   211
境：生命本该日日精进   215

10 生命的蜕变在于真正决定

静："决定"决定命运   223
进：真的勇士，向死而生   229
境：夺冠者胜，自胜者强   234

后记 智慧圆满

静：生命智慧，历史长河中的弱德之美   239
进：所有的伟大，都是日复一日的平凡   243
净：寻找灵魂的家园   248
境：幸福的最高境界——我与我在一起   253

序

智慧初心

　　生命的拥有在于时时感恩，生命的能量在于焦点利众，生命的伟大在于心中有梦，生命的强大在于历经苦难，生命的喜悦在于传道分享，生命的价值在于普度众生，生命的绽放在于内在丰盛，生命的幸福在于用心经营，生命的成长在于日日精进，生命的蜕变在于真正决定。

　　这十条听起来温和又有力量的智慧心语，在无数个清晨或夜里，在无数个充满困惑或徘徊不前的时刻，被人们诵读，然后融入自己的生命。

　　从2020年初开始，我们以"生命智慧的十大法门"为线索，采访了与巨海近年来发展休戚相关的多位顾客、战友、伙伴，以不同的视角呈现出生命智慧的奇妙与宏大，并希望他们因生命智慧的成长，鼓舞和照耀更多的人。

　　《成事心法》一书将从静、进、净、境四个角度深度破译生命智慧：

静——思索、观照、展望；

进——学习、成长、赋能；

净——慈悲、慈柔、伟大；

境——开悟、觉醒、神圣。

静：探索智慧之源，让生命更充沛

01

常常有人问我：成杰老师，你觉得智慧是什么？在我看来，到了一定阶段，智慧比财富更珍贵。我们可能拼搏了大半生，好不容易创造了一些财富，还需要我们小心翼翼、如履薄冰地守护。智慧却像随手泡的那壶茶，不动声色地浸润人心，让我们变得丰富、恬淡、美好。它会时时洗濯、照抚我们，让我们保持最好的情绪与状态。

平时我早上四五点钟起床，起床后常常会在小区里散散步。我喜欢在寂静的黑暗中让大脑迅速清醒，迎接又一个黎明。那天4点醒来，我照例在小区里散步。当时天还没亮，小区里一个人都没有。我正准备跨过一条小径，突然发现远处有一辆商务车开过来。

如果是白天，隔着这么远的距离，我应该会快走几步走过去，但潜意识提醒我，让它先走。于是，我停了下来。也就是一两秒的时间，商务车从我面前飞驰而过，气流甚至扑到了我的脸上。是的，如果那一瞬间没有停下来，我可能已经被撞飞了。

从心理学层面来看，当一个人在生活中养成了学习与多元思考的习惯，他会适度地唤醒自己积极的思维和敏锐的感知，懂得趋利避害，形成优于他人的直觉与敏锐，以及前瞻性思维。它们让人能够捕捉到一切尚未发生但有可能发生的信息，也让人学会换位思考，具有基本的共情与共情能力。

智慧是生命的常识，它是一种潜意识里的能量，牵引着你该做什么，不该做什么；它也是一种生命的圆满。

以创业为例，愚者用生命成就事业，智者用事业让生命圆满。创业可能失败，但是对于智者而言，创业积累的是人生经验、市场策略、处世原则，以及丰厚的生命智慧。

我常给一些巨海学员"打预防针"：你们来巨海学习，首先要确定，不仅仅是为了多赚几毛钱，更是为了让自己变得更好，让团队变得更好。

《印光法师》讲"菩萨畏因，众生畏果"，《论语》说"君子务本，本立而道生"，其实把这些智慧心语翻译成最朴素的语言，你就会明白：要让一切顺遂，关键在于"我"。"我"好了，一切就都会好了。

日有所学，月有所累，年有所成。每日求知为智，内心丰盛为慧。因果关系是生命中不变的规律与法则。我们只有去学习、成长、践行、感悟，宇宙中的力量才会引领我们步入生命的正轨，让我们渐渐成为智慧的人。

父母进步一小步，孩子进步一大步；老板进步一小步，企业进步一大步；老师进步一小步，人类进步一大步。教育子女，成就未来；经营企业，成就社会；教书育人，成就世界。每一个社会人，无论渺小还是伟大，只要做好自己，就都是生命的圆满。一切的好都与"我"紧密相连。

02

每个人的一生都会经历三个阶段的觉醒：生命的觉醒、自我的觉醒，以及灵魂的觉醒。在每一次觉醒的过程中，我们都试图成长、蜕变，成为更好的自己。智慧便是从每一次觉醒中提炼出来的。不仅如此，我们还可以从每一次觉醒中获得更多寻找智慧的精神力量。

因为家庭的贫困、物质的匮乏，我在少年时就开始观察生活，审视自己。我内心有着强烈的渴望，希望有一天能走出家乡四川大凉山，改变像祖辈父辈那样一辈子面朝黄土背朝天的生活。冥冥中一直有一个声音，让我去遥远的地方找寻不一样的世界，去尝试不一样的生活。这就是生命的觉醒。那时我的同龄人大多已经忙着去相亲，等待结婚生子，然后变成和祖辈父辈一样的人。因为审视生命，我经历了人生的第一次觉醒，获得了人生的第一层智慧。

走出大凉山，从成为餐厅服务员、工厂工人，摆地摊到开书店，我不断突破自我认知，也不断去寻找各种事业方向。听到人生第一场演讲后，我便义无反顾地走上教育培训之路，选择了为之奋斗终生的事业，这是我人生的第二次觉醒。

此时，我的自我也觉醒了。当我可以在生命蓝图中画出未来的"我"，当我找到自己想成为的那个"我"，智慧便像一道光，照亮了我寻找终极梦想和终生事业的道路。

2008年，汶川大地震让我开始拥有了一份沉甸甸的使命，这使得我平凡的生命得以升华，更让我有了生命智慧的一枝萌芽——生命的价值在于普度众生。这份造福人类的使命让我萌发了创业的初心。正是创业带来的历练，让我的心智越来越成熟，胸怀越来越宽广，心性越来越高远，人格越来越完善。

在创业和不断学习的过程中，我渐渐厘清了关于生命智慧的脉络。再加上已经积累了多年的商业实践经验，我用3年的时间反复推敲，提出了"生命智慧的十大法门"，并使其成为巨海的经典课程之一。这也让我相信，智慧看似无色无形，虚无缥缈，但只要人们愿意思考、学习与改变，它就可以被具象成一份生动实用的使用说明书。

智慧从哪里来？它从无到有，从有到无；它由外而内，由内向外；它外修于形，内炼于心；它看似虚空，又无处不在。它存在于身体发肤，它植根于天地万物。就如同茶有茶道，智慧蕴含着"和、静、怡、真"；就如同花有花道，智慧体现着"天、地、人"的和谐统一。只要你用心，万事万物就都可以成为悟出真知、哲理、智慧的源泉。

有一天，我又早起。晨风微凉，我先在书房读了一遍《道德经》，然后像平时一样去小区里散步。我走在熟悉的小区里，呼吸着新鲜的空气，心情愉悦。我相信早起是福，它可以让我多一些独立思考的时间与空间，可以让我比他人更早一点抵达通往智慧的路径。

我看见草叶上滚动着几颗小小的露珠，映射着粉色的霞光和青翠的草木。它温润而有力量，通透又映照旁物，这幅微小又盛大的画面竟让我忍不住一看就是10多分钟。回家后，我立刻去书房，写下了一句智慧心语："水洗万物而自清，人利众生而自成。"

我相信，这就是来自生活的点滴智慧。仰望星空，就会窥见宇宙的浩瀚；热爱生命，就会获得精神的愉悦；观照内心，就会探寻灵魂的真知。

03

说起我身边有大智慧的人，主要有两个，其中一个是我的父亲，另一个便是恩师李燕杰教授。他们身世迥然不同，文化水平存在天壤之别，却有着惊人的相似之处——智慧与慈悲。

父亲过世后，有一天夜里，我突然惊醒，泪水打湿了枕头，梦里梦外都是父亲的身影。那一年我30岁，整个人开始变得感性。而这份感性让我在冲锋陷阵的创业过程中，时时存有对世间的温存与感恩。

它让我像父亲一样宽厚待人，让我学会忍耐与包容，也让我在浮华的商业环境里结识到更多真诚的人。

恩师李燕杰教授的座右铭"青年是我师，我是青年友"，真实地反映了他为人师者的担当与宽厚。他一生受毕业于北大、清华两所中国顶尖学府的父亲的影响，饱读诗书，睿智通透，又承袭了母亲的淳朴与善良，教育和影响了无数中国青年，也让我对中国文化有了更深层次的热爱与解读。

2016年，我们建成了西昌巨海李燕杰希望小学。虽然恩师于2017年过世，但他的思想将传承于希望小学、巨海的课程，以及未来我对生命智慧无穷无尽的探索当中。

夜深人静时，我会常常想起恩师在世时每次我拜别之后他一送再送的情景，常常忆起他过世时自己泪流满面的悲恸。

这便是智慧的来处。父辈的经验，长者的睿智，都是我们除了书本之外最易得到的真知。

我虽然幼时家庭贫困，但也拥有人生的大幸运——有慈父，有恩师，也有良友。

智慧不一定是知识，它让我们向比自己更优秀、更卓越的人问道、化缘，让我们在彼此的浸润、感染、学习之后获得对这个世界更高水平的认知。

知识是专用的，它只能用于我们的某种工作、学习或者生活中。智慧是通用的，它将成为我们潜意识里的超能力，打开生命里一个又一个令人不可思议的开关，通往更圆满的生命境界。

进：培育智慧之根，让生命更厚重

01

　　17岁是少年的雨季，也是最具梦想与潜能的生命阶段。今天的17岁少年，可能一边等待着高考，一边对自己周边高科技带来的种种新奇满怀好奇。而我的17岁，装着因为家庭贫困而无法继续升学的不甘与不舍，也装着对未来的期寄，以及用学习改变命运的极度渴望。

　　有一天，我和父亲在田间劳作。休息的时候，我迫不及待地拿出一本汪国真的诗集。

　　父亲看见后，笑了笑："学都不上了，还看啥书呢？"

　　我回答："不上学，不表示不学习！我这辈子不会一直种田，更不会当一辈子的农民！"

　　父亲又说："难道你还能上天不成？"

　　我默不作声，翻开了诗集，看见汪国真写道——

　　我不去想是否能成功

　　既然选择了远方

　　便只顾风雨兼程

　　直到很多年以后，我都将这些诗句作为自己人生奋斗的信念。我也用自己的出走与冒险证明了：只有在不断地行走中，才能窥见自己的渺小；只有在不断地学习中，才能认识世界的浩瀚；也只有经历风雨，才能让生命更厚重。

　　2001年2月16日，19岁的我揣着560元钱，背上行囊，走出了父辈从未离开的大凉山，去寻找看似飘忽不定的梦想。我不知道这条路将会把我带向何处，但我敢肯定的是，它将赋予我灵魂的自由、超越现实的可能，并且有机会将我读过的书和做过的梦放入同一个空间进行实践。

无志者，无以生智慧。 我相信，人类之所以进步，就是源于人类丰富的内心世界、宽广的思想格局，以及厚重的人文素养。

有一位叫沈帅波的商业评论家写下了如下文字：

我们一定要找到那个令自己无畏的力量源泉，那种无畏不是你身无分文时，光脚不怕穿鞋的无所谓，而是当你有了一些的时候，依然敢于前行，即使前行或许意味着失去。

我深以为然。

今天的我，早已不再是当年那个17岁的少年。从打工到走上培训之路，从一名年薪百万的演说家到从零开始创业，从上海1家公司做到全国100多家分公司（子公司、联营公司），我从来都不曾停止过对培训事业的努力和付出，也从来不曾停止过对未知世界的探索与向往。我相信，唯有不断地往前，才能不断被世界赋予光亮、勇敢，以及智慧的能量。

我曾经说过，21世纪真正有福报的企业家，将会从财富自由走向精神自由，最终到达灵魂的觉醒。他们的伟大不仅在于经历苦难的人生和拥有宏大的人生志向，更在于成就了不屈不挠、独立思考、勇于创新、不断创造社会价值的企业家精神。

智慧见诸觉醒，也从勇敢中孕育。所有的伟大都源于一个勇敢的开始。勇敢是义无反顾，不惜自身；勇敢是不放弃成功，也不害怕失败；勇敢是一无所有的时候拥有梦想，实现梦想的时候拥抱世界。

2022年，是我进入培训行业19周年，也是巨海创立14周年。14年时光轮转中，智慧像无边宇宙，我们也许永远无法到达终点，但因为坚持无畏的探索与行走，头顶上这片星空愈加深邃与迷人。

02

什么是成功的人？

成功的人就是今天比昨天更优秀，比昨天更有智慧，比昨天更慈悲，比昨天更懂得生活的美，比昨天更懂得宽容的人。成功的人就是"日日精进，向上向善"，并能不断自我超越的人。

越是成功的人，越能懂得"日日精进"的智慧。保持"日日精进，向上向善"的激情，首先需要空杯心态。拥有大智慧的人随时随地会呈现出来的状态，是智慧而淡定，仁爱而持重，勇决而从容，博识而谦恭。

智慧不是伶牙俐齿、咄咄逼人，而是一道清风，包容知晓世间万物，却时时抱有谦卑之心。

相传苏格拉底的某个学生去雅典神庙里问神庙中供奉的神，雅典有没有比苏格拉底更聪明的人。结果，神谕显示没有。于是，这个学生到处宣扬，苏格拉底是全雅典最聪明的人。苏格拉底却说："我唯一知道的事，就是我什么也不知道。"其实，神谕之所以显示苏格拉底是全雅典最聪明的人，是因为他意识到了自己的无知。

这个世界从来不缺少聪明人，却缺少那些真正意识到自己无知的人。越是有智慧的人，才越能够谦卑地认识到自己的无知，获得强大的内在驱动力。

意识到自己的无知，正确面对挫折与失败，获得经验与教训，是人们获得智慧的一门必修课程。人类往往是在犯错中获得进步的。

我第一次创业是在17岁。因为一个自制洗衣粉可以致富的广告，我东拼西凑借了5000元去学习制作技术。到最后，洗衣粉一袋也没卖出去，自己也落得血本无归。但是那一次我学到了一些道理：不要轻易去碰触自己擅长的领域之外的事情，消费者只会买自己相信的产品，市场远远比我们想象的更残酷。

很多年后，大家问我："你是怎样才能做到今天这么成功的？"

我回答："因为我很早的时候就已经失败过了。"

较之成功而言，失败才是成长中最值得反复咀嚼的智慧。

2003年7月18日，我因为一场演讲关掉书店（开书店是我第二次创业），进入了教育培训行业，从此确定了自己人生事业的终极目标。当我干得热火朝天的时候，我所在的公司却因经营不善关门。短暂失落后，我没有放弃，从640场免费演讲开始，开启了人生的第三次创业。

接下来，在发现自己的经营短板后，我主动关闭了公司，选择去当时在教育培训行业口碑不错的聚成公司工作。我需要给自己赋能，需要学习成熟的管理体系和销售技巧，需要站在巨人的肩膀上。

当在聚成公司有了更高水平的发挥与更多的展示机会之后，我只需要等待一个时机，去树立一个更宏大的创业目标。2008年，这个时机到了，我创立了巨海。巨海的创立不仅是我职场智慧的结晶，更是我学习生命智慧的产物。

为什么要学习生命智慧？因为只有真正领悟到生命的真谛，我们才可以在自然规律里游刃有余，才能不在成功面前失态，也不被失败左右。我们需要时刻谨记，没有根的庄稼不长苗。

03

《银河补习班》是近年来教育题材电影中颇有新意的一部。其中有这样一个场景：饰演爸爸的邓超指着被毕业班学生撕成雪片、满天飞舞的课本说，难道这就是教育的结果？教育不是为了让人拿个毕业证，而是为了让人爱上学习、终身学习。

是的，他提到了一个和巨海相同的理念——终身学习。国际21世纪教育委员会在向联合国教科文组织提交的报告中也指出，终身学习是21世纪人的通行证。

既然终身学习如此重要，那什么是终身学习呢？终身学习主要包括四个方面：学会求知，学会做事，学会共处，学会做人。这是21世纪教育的四大支柱，也是每个人一生成长的支柱。

在我的观察里，热爱学习、心存梦想的人即使身处茫茫人海，也会发出巨大的光亮。他们时刻保持着激情与热情，时刻保持着战斗的姿势；他们目标清晰，不达目的誓不罢休；他们时刻活在兴奋的状态里，能量充沛，能感染和影响他人；他们胸怀宽广，格局远大，活在当下，心怀世界。

只有坚持终身学习，我们才会不断成长。而在不断成长的过程中，我们会发现，我们已经超越了曾经的自己。

《塔木德》是一本流传了3300多年的羊皮卷，其中记载着这样的文字："超越别人，不能算真正的超越；超越从前的自己，才是真正的超越。"人生不设限，才会精彩无限。

我从小生活在农村，因家庭贫困无法继续升学，就自己想办法阅读了大量的书籍；不想一辈子务农，就自己外出打工寻找事业方向。倘若我们都安于现状，或者自怨自艾，却没有学习的动力，那么今天我和所有曾被命运苛待过的人，都将平庸度日，默默无闻，渐渐被社会遗忘或抛弃。从某种角度而言，大多数成功的人都是"无路可退"，才会"绝地反击"。

胡杨是沙漠里最具智慧的植物，拥有惊人的生长力和生存力。它深深地懂得水就是生命之源，地下河在哪里，它的根系就顽强地伸向哪里。胡杨在不断寻找生命之源的学习与成长中，赋予了自己更多可能，也给予沙漠行走的人一片绿荫。在无常世界里，保持一颗终身成长与超越自我的心，让自己根系强壮而发达，不断去探索智慧的水源，便拥有了更厚重的生命。

净：传递智慧之钥，让生命更柔软

01

2019年11月11日，在结束了重庆"商业真经·国际研讨会"为期4天的课程（参加者有两千余人）之后，我回到了家乡四川大凉山。这次回乡不是为看望亲友，而是为西昌巨海成杰希望小学、小学母校大兴中心校、中学母校川兴中学打造"书香校园·班班有个图书角"，为孩子们创造小小而温馨的读书环境。

我常常跟大家说起，小时候遇到下雨涨水便冒险涉水过河上学的经历。那时候，在河对面修一所雨季不必涉水过河的学校的稚嫩梦想，便时时萦绕在年纪尚幼的我的脑海里。这个梦想像一粒种子，随着我的学习、奋斗、成长不断被赋予能量，继而发芽、开花、结果，然后再培育出下一粒种子。

到今天为止，巨海已经捐建超过18所希望小学。而种子里蕴含的能量，或许都来自我对智慧的渴望与探索。

我在中学母校川兴中学发表了题为《致少年的你》的演讲，我希望孩子们永远保持做梦（即心怀理想）的状态，永远保持学习的热情，永远保持对生命的热爱。

我对他们讲起初中时借住在校长寝室里彻夜读书的经历。正是这种经历打开了我对世界更多、更深刻的认知，也打开了我通往智慧的第一道大门。我也对他们讲起因为家庭贫困，最终没能在初中毕业后继续升学的窘迫与无奈。

我希望带给孩子们的，不是一个小时的演讲，不是一个小小的图书角，更不是短暂的游戏与陪伴。我希望赋予他们勇气，赋予他们爱，赋予他们更多探索智慧的能力。

面对着一张张在大凉山炙热的阳光下被晒得黝黑的小脸，看着他们纯真又充满期待的眼神，我会想起当年的自己。如果有可能，我想退回17岁的年纪，和他们在明亮的教室里一起上课、自习，下课后一起打闹嬉戏。更多的时间，我会在读书角找到一本诗集，在美好的文字里将自己的青春浸润成理想中的样子。

我感恩父亲背着我绕行几十里山路的辛劳，让我体验到真实的爱与慈悲；我感恩当年校长让我在他的寝室暂住，让我因此读到大量书籍，重新思考人生；我感恩命运让我生于大凉山，可以自主地启蒙、开发、探索、升华苦难中的生命智慧。

我也感恩当年恩师彭清一教授的提点，让我打开了另一种"救"人的思路，那就是把自己做好，才能"救"人。

把老板做好，可以"救"员工；把父母做好，可以"救"孩子；把自己做好，才能真正创造人生价值，赋予自己更多的信心去实现社会价值，在喧嚣浮世里"救"更多迷惑、迷茫、迷失的人。

彼时，我站在焕然一新的母校被孩子们簇拥着，感受他们像小树苗一样朴素而真挚的情感，感受他们像野草一样旺盛而倔强的生命，也感受他们像星星一般微弱而闪耀的梦想。我觉得自己比站在千人演讲台上时更富有激情。我的内心在经历了苦难的磨砺之后，因这些可爱的孩子们依然保持一份天然的柔软。

我尊重他们的热爱，也尊重他们的梦想。谁知道未来，这里会不会走出更多的企业家、科学家，或者超级演说家。

02

我 18 岁的时候，村里开始有人给我提亲。这也是当时大多数大凉山青年的命运。他们在懵懵懂懂中就把自己的爱情与未来交付给一个跟自己年龄相仿的女孩子。他们将在和自己的思想一样贫瘠的土地上耕种、成家，或者在孩子出生后为了养家糊口离家打工，让当地又多出一个或者几个留守儿童。

但那些我在书里读到的人生，父亲对我从小的包容，蛰伏在身体里面像一匹野马似的自由灵魂，都在冥冥中引导我走一条不一样的路。我拒绝了亲友的安排，继续读书、劳作，期许人生的另一种可能。我想走出这连绵不绝的大山，我想改变贫困而平庸的生活，我想冲出命运的牢笼，绝地反击。

以心为师，智慧如海。听从内心的召唤，做一个自己想成为的人，而不是被束缚在现实的桎梏里，才可能循着点滴思想的涓流，汇入智慧的海洋。对于像我当年一样，抬起头来只看得见大山的孩子，我希望他们也有机会看得见大海的方向。

2020 年，上海巨海成杰公益基金会提出将巨海希望小学捐建到 18 所，并在上海、云南蒙自、四川西昌、四川米易等地一对一资助 1000 名贫困学生的计划（2021 年 8 月，巨海已经实现了捐建 18 所巨海希望小学的目标)。我同时意识到,从教育的源头入手,或许才是做公益最踏实、稳固的基石。

到校园里进行公益演讲,传播生命智慧,除了影响孩子,也要影响老师,让他们深刻地意识到,自己的使命不仅仅是教书育人,还有为孩子们孵化梦想、指引方向。

不仅仅是山里的孩子们,在这个世界上,其实很多人都无法为自己的人生做主。智慧是什么?智慧就是"道"。而"道"就是做正确的事。如果你的人生找不到"道",那就像在一条蜿蜒崎岖的山路上龟速行驶。及早上"道",就像早一些驶上高速公路,除了把握方向,目标就在前方,成功唾手可得。而一位优秀的老师就是引导我们驶上高速公路的人。

早期在巨海学习的不少企业家,不仅仅因为对生命智慧的解读和深刻认知,改变、提升了生命的层次及事业的格局,他们自己也成了名师。他们指引和教导了他们的员工、孩子,甚至更多后来的巨海学员。比如,秦以金、丁海燕、艾丽、方志刚、董道、何勇、白梅等。

他们是这个时代的"清洁工",用智慧净化身边人、身边事,不断影响世人,成就自己;他们是这个时代的英雄,用教育提升人类的整体素质,用智慧滋润人类干涸的灵魂;他们也是这个时代的歌者,吟诵绝美的智慧诗篇,感召更多优秀的传承人。

愿巨海有更多名师,愿社会有更多名师,愿有更多的人传递智慧的钥匙。

03

很多人觉得,成杰老师,你现在有成就了,名声大了,你的家人也跟着脱贫享福了吧!

我从来不觉得金钱是人生唯一的福气。我可以把财富给他们,但他们并不一定可以获得平静、幸福、感恩与快乐。但是，如果我把智慧传递给他们，情况就不同了。他们至少可以运用这些智慧让自己的人生多一些亮色。

真正的慈悲不是给予财富，而是传递智慧。

在茫茫人海中，能接触到真理的人只占少数，而能战胜自己的无知、懦弱、狭隘，改变命运的人少之又少。卓越与平庸之间，看似隔着千山万水，其实只有一步之遥。有时候，哪怕有人将开启智慧之门的钥匙递到他们眼前，但若是他们内心蒙昧或固执己见，就可能视而不见。

虽然得道者寡，但我依然立志传道。传道是智慧，分享是智慧，交流也是智慧。作家萧伯纳说：如果你有一个苹果，我有一个苹果，彼此交换，我们每个人仍只有一个苹果；如果你有一种思想，我有一种思想，彼此交换，我们每个人都有了两种思想。向高能量的人"化缘"，向低能量的人"布施"。思想有高低，智慧却无止境。不吝分享，才会收获更多的智慧。

智慧不是从高处跌落的飞瀑，也不是埋在深沟里的暗流，而是森林里的一面湖水，让喧嚣归于平静，让纷繁回归纯粹，让浑浊归于纯净。在水与水的交融、交汇中，彼此成就，彼此赋能，彼此都拥有了世间最好的状态。

我不断分享，也不断成长。这些年，我欣喜地感受到了自己的变化：少了些青涩，多了些厚重；少了些冲动，多了些隐忍；少了些倔强，多了些柔软。这种脱胎换骨的成长，让我更加明白，智慧对生命的塑造远远大于时光的雕琢。

生命的喜悦在于传道分享。这份喜悦是不形于色的内在丰盈，是不求回报却满载而归，也是温润柔软的心灵回响。恩师李燕杰教授11

岁时便向《北京晨报》投稿，文章题目叫《我志愿当教师》。文中写道："我是个男孩子，所以我想当英雄；又因为我出生在文学之家，所以我的第二志愿是当诗人。但我最愿当一名教师，因为英雄和诗人都是教师培养的。"

在青年时经历了10余年军旅生涯之后，李燕杰教授数十年如一日，躬耕杏坛，培育出无数英才。他说，人生应如一支火炬，高高举起，然后传递到下一代人手中。我相信，生命智慧亦是如此。

境：开启智慧之门，让生命更宽广

01

岁末年终，深冬凛冽。我依然每日早起，锻炼，读书。从当年住在出租屋，每天清晨冲个凉水澡，一溜小跑爬到普明山顶练习演讲，到若干年后，在5点半的黄浦江边完成101次演讲练习，多年来，我的每一个晨曦都伴随成长精进，不曾辜负。早起和成长一样，变成了我的终身习惯。

2019年，我没有停下脚步，也因此有了持续的觉醒。某个清晨，我读到了猎豹CEO傅盛提出的"认知四境界"，它们分别是不知道自己不知道、知道自己不知道、不知道自己知道、知道自己知道。我顿时心下澄澈，"知道自己知道"便是对我觉醒状态的准确描述。

觉醒提升了人类的认知，抓住了问题的重点，找到了事物的规律。觉醒让我们在人生每个关键时刻做出正确决策，在十字路口果断选择最好的方向；觉醒让我们战胜人性中的恐惧、懦弱、自我、控制，丢掉那些多余的欲望，真正实现生命的轻盈。

2019年，因为觉醒，我感到未来如剥茧抽丝越发脉络清晰。所有在苦难与喜悦、失败与成功中习得的智慧像一片纤细的云，若有若无地画进生命的绘本里。

把握好工作与生活的节奏，保证良好的睡眠，持续进行锻炼，让自己能量充沛，让身体轻盈；时刻保持空杯心态，放下一些执念，为生活做减法，让灵魂轻盈。我也慢慢拾起了许多以往无暇顾及的事，早晨陪孩子出去散步，玩他喜欢的拳击游戏，或者和他一起读一本书；周末和家人吃顿饭，一起去孩子心心念念的迪士尼……温暖、平和、宁静，所有的美好都在血液里流淌，但舒缓的心跳在提醒着我，为了这一切，我曾竭尽全力。

是的，负重前行，是通往宽广人生的必经之路。

回想我的2018年，忙碌是主旋律。高负荷的运转，高强度的自我施压，经常让自己累到喘不过气，让自己能量消耗巨大。有时候，我感觉自己的身体和灵魂都不再属于自己，而是属于演讲舞台，属于我的顾客，属于我的公司。连儿子也常常说，觉得我不是他的爸爸。所幸，我总是会在所有压力汇聚到临界点时，要求自己即刻刹车：慢下来！

慢，才能思考问题，获得心灵的宁静，进入从容的沉淀状态，然后再沉淀出无边智慧。

提醒自己要"慢"之后，我和巨海智慧书院的几位师兄弟到峨眉山静住了几天。我们在溪涧旁阅读，在楠木下对谈，在宁静之中收获了山水般的灵秀与自然。调整状态之后，我的助理对我说："成杰老师，你变了，现在的你更加从容舒展了。"

02

总有一天我们会发现，学习和寻找智慧之路就像西天取经，看似路途遥远，要经历千般险阻，但只要渡过"九九八十一难"，就会立地成佛般变得通透睿智。

开启智慧之门，不是一蹴而就的，不能蜻蜓点水，也不能左顾右盼。它需要持之以恒的学习，虚怀若谷的接纳，日日精进的沉淀。它是每次回头都发现不断成为更好的自己的过程。我们都期望成为更好的自己。那么，究竟怎样才能达成这个目标呢？

在一次不丹游学中，巨海智慧书院的学员赵正灵对我说："老师，你能送我一句话吗？"

"做好自己。"我如是回答。

她连续7天问我，我都是同样的答案。

"老师，为什么总是只有这一句呢？"她不解。

我笑而不语。

游学结束时，她还是不甘心，再次请求："老师，你再送我一句话吧。"

"做好自己。"

"为什么还是只有'做好自己'？"

"等你做好自己，就知道了。"

我没有多说，她也不再多问。

她带着十二分的不解离开。半年后我们再见面，她整个人的精神面貌焕然一新。她从事的是建筑工程行业，半年来谨记着"做好自己"这四个字，不断参悟、践行，事业发生了很大的变化，投标成功率特别高，订单像雪花一样飞来。她感谢我赠予的这四个字。我告诉她，这一切不是我的功劳，而是她自己的成长为个人和企业带来了善果。

智慧就是如此，听起来轻描淡写，但只要肯去实践，便有了重若千钧之力。

和大多数人相比，我的起点实在是很低。从大山走出的孩子，没有高学历,没有人脉资源,像一只莽撞小兽一头撞进城市的网。我曾经63天都找不到工作,流浪街头;曾是一名重复着枯燥工作的流水线工人;曾经创业失败,看着希望的火花点燃又熄灭。但我从未放弃梦想,在工厂门口摆书摊时,抓住一切时间如饥似渴地学习,一本《世界上最伟大的推销员》倒背如流。

我深知"吾生也有涯,而知也无涯",有生之年,日日精进,勤勉修行,方成伟业。日日精进是我的人生主旋律,我要求自己精益求精,不断超越自我,后来写出了《从优秀到卓越》。该书颇受读者欢迎,已连续再版多次。

经常有人问我:"成杰老师,怎样才能像你一样成功?"我说:"好好爱自己。"爱就是日日精进,爱就是天天练习。爱自己最好的方式就是成长自己。为了练好演讲,我对着黄浦江的滔滔江水演讲了101个早晨;巨海首席讲师秦以金为了练好演讲,效仿我的做法在杭州贴沙河边演讲了128天;李玉琦下决心成为一名演说家,每天到巨海绵阳分公司附近的湖边练习演讲。正如弘一法师所说,"日日行,不怕千万里;常常做,不怕千万事。"

为爱天天练习,一定可以创造奇迹。而成功最快速的方法就是跟随成功者的脚步,复制他成功做对的事和用对的方法。

我刚入行的时候对销售一窍不通,就以销售冠军为榜样,向其请教销售方法和技巧,并不断付诸实践。结果,7月进公司,8月我就成为新的销售冠军。

一个不能日日精进的人,是在背叛自己的梦想;一个不断超越自己的人,是在呵护自己的梦想。日日精进,就要多和高能量的人交流和碰撞。

巨海邀请了国际领导力大师约翰·C.麦克斯维尔、销售训练大师汤姆·霍普金斯、励志演说家尼克·胡哲等现场授课，反响十分热烈。也有人问我，为什么要花时间和重金做这样一件事情。其实很简单，当你和高能量的人交流时，他们会深刻影响你的认知和思维，他们所释放的正能量，所呈现出来的智慧，能让每一个人受益终身。

曾国藩说："步步前行，日日不止，自有到期，不必计算远近而徒长吁短叹也。"新的一年里，我也有了一个新的梦想：采访108位各个行业和领域的高人，以"生命智慧的十大法门"为主题深入交流，拍一部完整的纪录片，向世人分享他们的大智慧。

这个梦想让我热血沸腾，相信到实现的那一天，能影响和帮助更多的人。那些之所以从来不会抱怨生活的人，是因为他们三分之一的时间在做梦，三分之一的时间在成长，还有三分之一的时间在完成和实践梦想。

03

这些年，时代变了，环境变了，市场变了，但我很庆幸自己没有变。无论对教育培训事业的热爱，对顾客价值的追求，对责任使命的担当，都一如既往。

巨海自创立以来，只为一件事——**帮助企业成长，成就同人梦想，为中国成为世界第一经济强国而努力奋斗**；所有课程设置的初衷，也是希望让顾客因为我们的产品和服务，变得更成功、更富有、更健康、更美丽、更幸福、更喜悦、更自在。

在新的一年里，一直在自我升级和迭代的巨海，也要再次扬帆起航。2022年，巨海的服务体系将进一步成熟化和实用化，更好地践行对顾客的服务。同时，巨海也将从公司化走向生态化，形成上游链接下游的完整链条，并以管理人才、核心人才、服务人才、讲师团队的培养作为突破的重点。

巨海任重道远,而我愿自己率先下场,做一个持续学习的人,让智慧像一缕风、一片云、一丝阳光、一滴雨露,无声地浸润在我的生命当中,然后再传递到更多人手里。从某种角度上讲,学习于我,已经变成一种习惯、一种生活方式,甚至是一种生理需求。它既温柔又强悍,既微小又宏大,既若即若离又刻骨铭心。

这就是智慧的魅力。它让我从跌跌撞撞的懵懂少年成为胸怀大志的热血青年,然后步入圆融谦恭的中年,淡然平和,做更多"无为"之事。

无为而无不为,是中国人的智慧。"无为"两个字在老子《道德经》共出现12次。而无为的思想,不仅仅属于老子,更属于整个中华民族。

什么是"无为"?无为是和谐,是平衡,是淡定,是宽广。让我们一起开启宽广的人生,一起开启"生命智慧的十大法门"吧。

成杰

01
生命的拥有
在于时时感恩

静：在智慧的深海里，做一条感恩的鱼

01

　　每年产卵季节，太平洋的鲑鱼会从海洋逆流而上，历经3000多公里，穿过凶险浅滩，跃过壮阔瀑布，躲过饥饿与天敌，然后洄游到它们出生的河流。幸存下来的少数鲑鱼在这里繁育后代，然后死去。而下一代鲑鱼带着父辈的使命，漂泊寻梦，游向大海。

　　鲑鱼以艰难回溯的鱼水深情，感恩着故乡的水域，也感恩着生命的繁衍。万物有灵，一条鱼在短暂的生命里尚且担负着感恩的使命，更何况人类这样更具灵性的生命体。于是，成杰在设计"生命智慧的十大法门"的课程体系时，将"感恩"列为第一大法门。

　　感恩是什么？

　　它是一只蜜蜂在采撷花粉之后酝酿成的馥郁蜂蜜，它是一片森林被雨水洗涤之后向大自然倾吐的纯净空气，它是一块稻田经农人辛苦耕种之后收获的累累稻谷。

它是温柔的情感回归,它是浪漫的诗意表达,它是圆融的处世哲学,它是丰富的人生智慧,它也是善良的人性与强大的内心构建起来的圆满人生。

"生命的拥有在于时时感恩。"

在巨海,孝文化和"孝道之星"成了企业的名片,成为员工的荣耀。一个懂得感恩父母的人,才有资格成为一个真正的巨海人;一个成为"孝道之星"的人,一定是一个优秀的巨海人。

孝道,不仅仅只是给父母洗一次脚。这个小小的行动更深层次的意义在于,让大家真切地意识到,只要你表现出些许的感谢,做出些许的行动,便会带给父母巨大的喜悦与满足。

对成杰来说,为父母洗脚这一尽孝的行为,是在从小贫困却被爱包围的环境中体悟出来的。

小时候,成杰因为生病要去西昌城里的医院看病,却遇到下暴雨,大水淹没了通向外界的小桥。爱子情深的父亲将6岁的成杰背在背上,在泥泞和草丛里穿行了几十里山路。

1997年,家里养了一年多的马儿跑丢了,父亲徒步追赶上百里山路,夜里把马牵回家,脱下鞋,满脚都是血泡。

因为成杰开书店缺少资金,父亲四处奔走,疲倦的不仅仅是腿脚,还有一颗轻易不求人的、倔强的心。

……

成杰看着父亲用粗糙的脚底一步步迈过生活的磨砺、人间的贫苦、命运的艰难,也看着父亲一天天在岁月的催促中老去。每一次给父亲洗脚,他都无比感恩父亲一生的付出。

大多数衰老的父母就像秋天的树,寂寂无语,静默无声。当你才发现第一片黄叶飘落,他们的生命可能已近黄昏。巨海评选"孝道之星"，让正在老去的父母感受到儿女的成绩与成就，让他们在亲友、邻里间获得宽慰、坦荡、荣耀，也让儿女们在父母骄傲的注视中获取更大的能量，去承担社会责任与使命。

在巨海，"孝道之星"是一面鲜亮的旗帜，会一直传承下去。而孝文化，也将镌刻在巨海人的生命智慧里，闪耀着温润的光芒。

02

感恩增进能量，抱怨消耗能量。虽然家境贫寒，但成杰一家从无抱怨。父亲承担着生活的全部重担，母亲勤劳善良，默默地生儿育女，守候家人。一家人彼此关照与爱护，就像将一把白砂糖用滚烫的开水冲进苦涩的生活里，让人一直甜到心里去。姐姐比成杰大5岁，十分喜欢和关照他。

姐姐小学毕业便辍了学，去小姑家的餐馆帮忙，每个月只有50元工资，但每逢年节都会给成杰买新衣服、新鞋子。姐姐话不多，年少的成杰也不会表达自己的情感，尽管少了一些语言上的交流，但他们也能感知到对方的欢喜，与对方保持默契。

姐姐后来在学校食堂上班，每个月能挣1000多元。成杰心疼她，让她辞工去照顾父母，并准备每年给她补助5万元。姐姐拒绝了，继续在外打工。她有着和成杰一样的倔强与独立。

成杰还常常感念小姑的恩情。这个在乡村里经营着一家小餐馆的平凡女人，性格平和开朗，她把每个早起晚睡、辛苦劳作的日子一天天叠加起来，筑成了生命里的一道彩虹。小姑还有着令人感到舒适的处事原则。对于成杰的"折腾"，小姑也有着与父亲相似的信任与"纵容"。无论是制洗衣粉，还是开书店，成杰每一次找小姑借钱，她都倾力相助。

姐姐、小姑，与母亲一样，都是出现在成杰生命中的重要女性。女性塑造着男性初始的感情观，也影响着男性的世界观。生命中最初出现的这些女性，赋予了成杰内心世界的柔软与慈悲，以及成就自己和荣耀家人的决心与勇气。

而成杰生命中另一个重要的女人闫敏，既是他的铠甲，又是他的软肋。他与闫敏的相知与相爱，如春阳与春风的交织，温柔而和煦。巨海的创业史，也是成杰与闫敏爱情的成长史。闫敏身上的勤劳、质朴、包容，让成杰童年时对女性的美好印象再一次复苏。两个人怀着对彼此的爱慕与敬重，怀着对教育培训事业同样的热情，用一个家庭的互助与圆满推动了属于更多人生命的前行。

无论是母亲、姐姐、小姑，还是太太闫敏，她们都让成杰感受到生命中无限的爱与包容，也让成杰学会去尊重与体谅每一位女性，并学会和女性和谐相处的方式。

如今，成杰手下的多名女员工已成为巨海一道美丽的风景线。她们在演讲台上挥斥方遒，在销售前线奋力拼搏，在幕后默默耕耘……她们将创业的艰难、前行的坎坷、突破的倦怠，以女性特有的柔性去稀释、去缓解、去中和。

因为她们，巨海成了一家有温度又有韧性的公司；因为她们，感恩这幅一生都不会停笔的画作上有了无比璀璨与曼妙的颜色。

03

饮水者怀其源。巨海成立14年了，成杰总是把三个人挂在嘴边。

一个是雍丰餐饮董事长成国斌。

2008年巨海创业半个月之后，成杰给顾客打电话告知这个消息。5分钟之后，他收到了成国斌的恭贺短信，成国斌表示会全力以赴地支持他。商业贵在人气，收到这个支持的信号，成杰创业的信心又增加了几分。

一个是百圆裤业（现名跨境通）创始人杨建新。

成杰创业的初心是为了实现捐建101所希望小学的梦想。这个梦想几时才能实现，打开梦想之门的钥匙在哪里，创业初期的成杰一无所知。但是，2009年5月31日那天，成杰的一场演讲，吸引了百圆裤业创始人杨建新。曾受到无数人质疑和讥笑的梦想，打动了有着相同梦想并在不断践行的杨建新。

2010年7月14日，巨海第一所希望小学——西昌巨海百圆希望小学正式投入使用，而当时距离巨海创业还不到3年。

还有一个是统帅装饰董事长杨海。

10余年来，杨海与成杰亦师亦友，彼此扶持与成就，也赋予了巨海前行时澎湃的动力。

在巨海从浅滩游向大海的过程中，这些源源不断的恩情是桨，是帆，帮助巨海这艘心怀远大的巨轮向梦想进发。

他们是暴雨后晒在身上的温暖阳光，是休憩时惬意慵懒的云朵，是燥热时扑面而来的一缕凉风，是雪中送炭的善意与温存，让人每每在低谷时回想，便重获攀爬向上的力量。

正是因为有了他们三位的鼎力支持，巨海才得以克服前进路上的种种障碍，奋勇向前。对此，成杰深深感恩，并把巨海的每一次课程都当作对顾客最好的报答。

2018年10月，巨海在成都举办了一次容纳4500人的"商业真经·国际研讨会"。当成杰站在酒店大堂，看着巨海的合伙人、顾客从四面八方赶来的时候，他们对学习和成长的梦想又一次令成杰动容。

除了站在舞台上，将毕生的所学所长，将发自肺腑的热爱倾注到自己的喉咙，然后通过话筒传播到每一位顾客的耳朵里、心里，他觉得无以为报。因为对顾客拥有感恩之心，不断回报顾客价值，让巨海也在顾客的帮助下不断超越当下，能量充沛。

感恩一个人、一件事，就是要付出毕生的努力，与之一起变得越来越好。当学会在智慧的深海里做一条感恩的鱼时，我们会发现身边值得感恩的人越来越多，自己也会变得越发平和、顺遂、富足。那些来自灵魂深处的嘉奖，让我们终将成为精神上的贵族。

进：巨海人的微笑式感恩

01

1948年，世界精神卫生组织将每年5月8日定为世界微笑日，这是唯一一个庆祝人类行为表情的节日。微笑，不仅仅是一种表情，更代表了一种深刻的感情。它拉近了人与人之间的距离，让人们心灵相通，彼此热爱与尊重。

微笑，也是巨海人的一个标志。巨海金华分公司总经理吴芳就是这样一位喜欢微笑的女性。她从小爱笑，讨人喜欢。可来巨海之前，爱笑的她经历了让她的笑容差点儿枯萎的事情。

原来，大学毕业之后，吴芳去了一家在别人看来稳定又有保障的单位工作，每天在办公室画图纸。日子一天天过去，生活在一成不变的枯燥里落灰，吴芳的心也越来越空。在那些一眼可以看到头的日子里，原本灿烂的微笑变得晦暗，一生平庸似乎已是可见的结局。

"甘心吗？"吴芳无数次问着自己。当然不！世上的大多数人都走着别人认为正确的路,从未问问自己真正想要的是什么。但人生从来不只一种可能,仿佛是命运的牵引,吴芳与巨海相遇了。

吴芳清晰地记得到巨海面试时迎面而来的震撼。"你好,欢迎来到巨海!"巨海的员工们对每个走进巨海的人报以真诚的笑容,并为其带路。原本有些紧张的吴芳放松下来,惊喜又新奇地打量着这个即将改变她命运的地方,她暗暗下定决心:一定要到这里来工作!

吴芳的家乡是被誉为"丹桂之乡"的福建南平浦城县。虽然生活在农村,但吴家家境宽裕,家人对吴芳疼爱有加。父母觉得一份稳定的工作对女孩子而言再好不过,不理解为什么她非要跑到那么远,选择他们闻所未闻的教育培训行业,做一名在他们看来很辛苦的销售人员。

吴芳却坚信自己的选择。她忘不了在巨海的早会上初次见到成杰的情景。她第一次发现,原来一个人真的可以闪闪发光。投入在演讲里的成杰,举手投足间自信满满,言语之间智慧闪现,金句、良言直击人心。

成杰说:"一个人要改变,首先是思维方式的改变。有了思维方式的改变,才会有行动上的改变!"这句话如平地的一声春雷响彻吴芳的脑海。"成功开始于选择,结束于坚持"则成了吴芳坚守至今的座右铭。

吴芳在成杰身上看到了智慧之光,以及改变命运的强大力量。后来与成杰共事,她的所见所学也为自己立起了做人做事的标杆。台上他是一呼百应的演说家,台下他是严厉的领导,也是照拂弟子的恩师。心怀感恩、帮助他人、严格自律,这些从成杰身上学到的品质,深深影响了吴芳。

02

初入巨海时,吴芳加入了巨海成长突击队。那时吴芳借住在姨妈家,每天雷打不动 5 点多起床,画上清爽的妆容,换上制服和高跟鞋,美丽又精神地 7 点到公司上班。她下班时往往已经很晚,和住在同一屋檐下的姨妈一家人难得见上一面。

巨海为吴芳打开了梦想的大门,门后的耀眼光芒彻底照亮了吴芳生命中的灰暗角落。她喜欢巨海人笑容里的真诚与善意,喜欢他们身上的自信锋芒。都说他乡是一座孤岛,巨海却将五湖四海怀揣共同梦想的人们聚到一起,组成了一个大家庭。

集军队般的严谨、家庭般的温暖、学校般的纯粹于一体的巨海,让吴芳能在这里安放梦想,释放潜能,成就未来。她在这里寻回了遗失的微笑。大家亲切地称她为"微笑芳"。这个名字就好像轻快的音节,伴着阳光一起撒落在花瓣上,瞬间春意盎然。

微笑是由此及彼的正能量,于无声中感动心灵,净化灵魂,照亮他人,传递爱与希望。喜欢微笑的人,更懂得去感恩与分享。吴芳感恩当初没有随波逐流的自己,感恩自己果断远离曾经庸碌无为的岁月,感恩与巨海的不期而遇。

感恩是打开生命能量的开关。一个人越感恩,内在的能量就越强,就越能超越自我,影响他人。

2013 年加入巨海,2014 年开始带领团队便连续 3 年拿下集团冠军,连续 6 年荣获"孝道之星"……一路走来,"微笑芳"遇见了越来越好的自己。

2015 年,连驾照都没有考取的吴芳购买了一辆奥迪汽车,春节时让上海的亲戚帮忙开回远在福建南平的老家,这在平静的小城里引起了不小的轰动。左邻右舍、亲戚朋友纷纷到家里来，看车的同时也顺带打听吴芳这个刚工作没几年的小姑娘是怎么做到的。父母没多说什么，但溢于言表的骄傲与自豪，散进了每一条岁月镌刻的皱纹里。一旁的吴芳微笑着，帮父亲烧水泡茶，为母亲把鬓发拢到耳后。

　　吴芳不是虚荣的姑娘，买车回家不为炫耀，只为让父母看看她奋斗的成果，让他们放心。

　　不能陪伴父母左右的吴芳经常给父母打电话，并在节日的时候寄回礼物。她深刻理解巨海的孝文化：小孝是陪伴，中孝是传承，大孝是超越。

　　巨海自创立之初便将以孝为代表的感恩情怀，作为企业的重要价值观，植入企业文化。每年的周年庆都会举行"孝道之星"颁奖，并邀请其父母出席颁奖现场，参与并见证儿女的高光时刻。

　　当吴芳站在领奖台上时，透过欢呼和掌声看见台下父母泛着泪光的双眼，成长的瞬间在脑海中如电影放映般一帧一帧地闪现，她禁不住笑着红了眼眶。

　　感恩最好的方式就是不辜负，用成长回报期望，用收获报答付出。感恩，便是要活出一团真气来，不负自己，不负家人，不负遇见，不负今生。

03

　　美国作家F.H.曼狄诺提出："微笑可以换取黄金。"无独有偶，世界上最伟大的推销员乔·吉拉德也说："有人拿着值100美元的东西，却连10美元都卖不掉。要想知道为什么，你看看他的表情就明白了。当你笑时，整个世界都在笑。一脸苦相没有人愿意理睬你。"

　　这就是微笑的力量——建立信任，创造奇迹。

销售是与人交往的艺术，最大的技巧就是没有技巧，唯"心"字一诀，无招胜有招。吴芳的微笑为她赢得了事业上的贵人。

2014年，吴芳服务的顾客张枝清结束课程后到巨海参观交流，当即决定投资100万元，与巨海一起组建联营公司，即后来的巨海南通分公司。这也是巨海的第一家城市联营公司。张枝清后来告诉吴芳，正是因为她的微笑，让自己感到了她的阳光和积极向上，对她和她所在的巨海充满了信任与期待。

双方签约之后便进入了付款流程，当得知吴芳当月的销售业绩还差22万元达标后，张枝清立刻表示："今天就给吴芳先打22万过来，帮她完成目标。"

惊讶、感动、感激……多种滋味涌上吴芳心头。当天下午，吴芳编辑了一条信息发给张枝清。想说的很多，删删写写；感动很深，总想用更好的话语表达。一直用了两个多小时，信息才编辑好。信息发出后，银行短信也同步跳出屏幕：22万元已到账。

握着手机，吴芳眼底泛泪，回想起临别时张枝清拍着她的肩膀跟她沟通的情景。张枝清说："我们一起加油，把分公司做好做强！"吴芳明白，唯有和贵人们携手并进，共创辉煌，才不辜负这份沉甸甸的信任。

之后，吴芳协助张枝清创立了巨海南通分公司，拓展了巨海的业务版图，也为巨海的发展打下了牢固的根基。2014年，吴芳第一次拿到了个人销售冠军，她所在的团队也拿到了团体销售冠军。当初的张总，如今已是吴芳口中的"张姐"，从顾客到朋友再到亲人般的关系，这种温暖羁绊在巨海不胜枚举。

吴芳说："像南通分公司第一批学员中的丁海燕，从老板蜕变为如今巨海管理干部学院主讲老师；金华师大人家的戴春燕，也是因为来到巨海后建立起了自己的企业课堂,从快餐店老板娘变成了培训老师……"对吴芳而言,看到越来越多的顾客来到巨海后有改变、有收获,是她工作中最有成就感的时刻。

因感恩而微笑,因微笑而联结。心的联结,让天下没有难做的生意。所以,当许多人总是认为销售难于上青天时,成杰却告诉大家:销售其实很简单,得顾客心者得天下。秘诀就是:因爱心动,为爱成交。爱是因,成交是果。爱是行为,成交是结果。

爱即感恩。吴芳常常反复咀嚼成杰的话:把感恩当成一种习惯,把用心对待当作一种习惯。这是巨海的基因,也是人立于世的博大胸怀与处世智慧。

如何把感恩变成一种习惯?成杰早已给出答案。

第一,每天早上醒来,默念感恩的八个理由。

这八个理由分别是:感恩之心将带给我用心体验生活中的美好经历;感恩之心将提升我的自身价值,增强自信心;感恩有助于我应对压力和伤痛;感恩生活有助于培养我善良仁德的品行;感恩有助于我加强人与人之间的感情和建立新的人脉关系;感恩有助于我以平常心面对生活;感恩与愤怒、痛苦、贪婪这些负面情感是互相排斥的;感恩有助于阻止我沉迷享乐,陷入懒惰。

第二,每天晚上睡觉前,问自己五个问题。

这五个问题分别是:今天有没有至少一次感谢父母的养育之恩?今天有没有对别人的帮助给予感谢、感恩?今天有没有注意到别人的善意?今天享受到了大自然的哪些恩赐?今天自己发生了哪些值得感恩的变化?

第三,主动去分享内心的感恩。

分享的方式可以是写感恩日记,可以是制订感恩计划,分享的人群可以是家人、朋友。

常怀感恩，会让自己未来的道路更辽阔。

2019年12月18日，巨海成立11周年庆典在苏州隆重开幕。庆典上，吴芳被任命为巨海金华分公司总经理。接过任命书的吴芳，笑容依然像初次踏入巨海时那般清澈，更添了一丝睿智与自信。

庆典现场，成杰也首次宣布了巨海2020年战略规划：服务至上，价值取胜！这是巨海的新征程，也是吴芳事业的新起点。下一个6年，她将带领团队继续开疆拓土、落地深耕，以点带面辐射巨海能量，帮助更多企业实现财富价值与自我价值的双重迭变。她深知，在成杰的带领下，每一位巨海人都将心怀感恩，微笑前行。

净：鞠躬里蕴含的感恩之心

01

浙江二院的前身是广济医院，1869年由英国圣公会设立，被国内外同行誉为"远东最好的医院"。英国医学博士梅藤根26岁来到杭州，于1881年至1926年间任广济医院院长。一张他的黑白照片里记录了一段百年不衰的光影：某天，梅藤根院长巡查病房时，一位小患者彬彬有礼地向他鞠躬，梅藤根院长也弯下腰，向孩子深深鞠躬回礼。这一老一少互相鞠躬，蕴含了深深的情意，跨越了年龄、身份、国界。

儒家讲求"忠、孝、节、义"，并将由此引发出来的感恩意识作为人性的本根、秩序的来源和社会的基础，感恩也成为传统美德的基本要求。而鞠躬，作为中国人的传统礼节，传承了与中华美德紧紧相连的感恩文化。

当一些人渐渐遗忘感恩文化时，巨海执行总裁李玉琦却始终没有忘记，与长者见面时，总会郑重地鞠上一躬。这个看似简单却富含深意的肢体语言里，蕴含着他为人处世的随和、谦卑与敬重。而他之所以时时不忘感恩，除了与他自身的修养有关，还深受巨海感恩文化的影响。

李玉琦还记得第一次见到成杰，是入职前的员工培训。之前他就职于一家高尔夫公司，工作清闲，收入稳定，却对那里的呆板、平庸与下坠感日渐厌倦。是的，如果在那里再工作几年，李玉琦相信自己很快就会失去一个年轻人的锐气与激情。

不过，对自己新入职的巨海，李玉琦也是有所保留的。他是带着尝试和学习的心态，去了解一个新的领域的。这个在大学里意气风发的学霸，带着属于自己的骄傲和对新事物的怀疑，第一次正面与成杰接触。

那是2011年初，巨海成立不到3年，成杰还不到30岁。当这位年轻的老板神态从容、语气笃定地谈起巨海要捐建101所希望小学的梦想时，李玉琦内心受到极大的触动，因为他同样也是从乡村里走出来的孩子。

四年级以前，李玉琦还在村里一间没通电的破败土屋里上课。四面漏风的教室，一下雨满是泥泞；课桌是一块石板，上课的凳子都要从家里拿过来；下课后也没有什么娱乐，常常一群人在光秃秃的场院疯跑……

四年级的时候，同乡的几位老红军在家乡的烈士陵园旁边捐建了一所希望小学。明亮干净的教室，整齐划一的桌椅，崭新的乒乓球台，平整的篮球场……李玉琦最快乐的学生时代就此开启。

此时，李玉琦遇到除父母之外的又一位贵人。这位贵人是他的新班主任老师，因为有着鼓鼓的脸颊被同学们调皮地戏称为"小鼓鼓"。李玉琦成绩优异，一向严厉的"小鼓鼓"十分喜欢他，还鼓励他："好好学习,一定要加油啊!"

李玉琦9岁时便成了留守儿童,而"小鼓鼓"正和他外出打工的父母年龄相仿。听着老师鼓励的话语,李玉琦鼻子忍不住发酸,眼睛也起了雾气。

因为少年时有过艰苦的求学经历,所以听到成杰说起捐建希望小学的梦想时,李玉琦沉睡多年的灵魂突然被唤醒。曾经,自己的终极梦想就是做一名职业经理人,从未想过为国、为民会有怎样的担当与使命,也从来没有想明白该怎样去回报当年让自己获得新生的希望小学,以及对自己寄予厚望的"小鼓鼓"。在成杰的演讲中,李玉琦触摸到久违的温度,眼前也闪现出耀眼的光亮。

巨海赋予李玉琦的,不仅仅是灵魂的高度,更有认知的突破。成杰以巨海的梦想打破了李玉琦的思想樊笼:原来,捐建希望小学的梦想,不仅仅属于李嘉诚、邵逸夫,也不仅仅属于老红军、老党员,也可以属于20多岁的成杰和自己。

02

和大多数求职的年轻人不同,李玉琦幸运地找到了追求事业的初心。带着和成杰相似的梦想,他渐渐在巨海这个平台上找到了最好的自己。一起入职的十几个新人,如今留在巨海的,只剩下他一个。不仅如此,他还成了巨海的执行总裁。

是什么让李玉琦实现了"剩"者为王?除了他的执着与坚持,还在于他对平台的理解与感恩。

很多人谈到平台,都希望在平台上得到支持,却很少有人想到,真正的平台是一群相同价值观的人一起支撑的。

平台是什么?它是企业的产品源头,是企业的美好愿景,也是企业的精神支柱。平台能赋予我们多少能量，取决于我们是否相信它。对平台的认知，和学习生命智慧一样，仅仅靠理解远远不够，还需要我们坚定不移地相信——相信自己的企业，相信自己的理想，也相信自己的未来。

李玉琦常常把成杰的话挂在嘴边——想都是问题，做才是答案。

从最初的诧异，到反复咀嚼巨海的企业文化以及生命智慧，李玉琦开始在巨海这个平台上不断地付出与努力。他相信，学习的顺序是由内而外，从心出发的。但是，做到真正改变却需要由外向内，从每一句话、每一个眼神、每一个微笑，以及每一个肢体语言，去执行，去跟进，去提升。

巨海的每一项工作，李玉琦都当作军事任务去执行。在此过程中，从最初的"我愿意"到后来的"做好自己"，他用信任与感恩对巨海的平台价值进行了反馈、变现，以及升华。

在成长的过程中，李玉琦亲眼见证了成杰对巨海倾注的每一份心力：后颈项长出一个巨大的压力肿块，强忍住疼痛在上课；患上带状疱疹，全身痛痒，需卧床养病也要上课；父亲病逝，强忍泪水还是要如期讲课……

在成杰身上，李玉琦看到：巨海是有梦想的，有力量的，也是有灵魂的。因为读懂了巨海的文化，因为怀揣着对巨海的感恩之心，李玉琦终于成为巨海文化的一分子。

03

因为家境贫寒，父母在李玉琦9岁时便外出打工，将他留给奶奶照顾。奶奶一生节俭，留给儿孙的是她与贫困生活较劲的勇气、从容淡然的个性和毫无保留的亲恩。87岁的奶奶过世了，李玉琦谈起她，一度哽咽。他总会想起奶奶在世时，一家人替她洗脚的画面。

那时李玉琦在巨海接受了孝文化，春节回家，一家人团聚的时候，他打了一盆水，给父母洗脚。老家的堂妹呆呆地在一边看着，看了半天，也打了一盆水给自己的父母洗脚。到最后，一家人围住奶奶，一起给她洗脚。

那天大家都默默无言。这么多年过去了，每个人都有着自己的不容易，但那一刻，摩挲着老人像枯柴一样的小腿，触碰到她脚掌下像石头一样坚硬的老茧，他们看到了一个十几岁便嫁到这个屋檐底下生儿育女的女人一生的酸楚。也在那一刻，一家人因为重溯生命的来处，去感恩，去付出，才真正明白了生命的意义。

滴水之恩，当涌泉相报。可对我们恩深如海的父母，却常常被忽视，甚至漠视。一盆洗脚水，开启了一个家庭最朴素、最直白的爱的开关。

李玉琦感恩自己的父亲，他在外地做生意的时候，到了年关岁末，不管生意有多忙，都要关了店面回家探望父母；感恩自己的母亲，一名很有前途的绣花女工为了爱情嫁到农村，将一生都奉献给了父亲和姐弟两个，并且给了李玉琦一生最重要的叮咛——要努力向上；感恩自己的太太，在自己一无所有时将往后的岁月都倾心托付。最艰难的时候，他们甚至只能在一间随时可能被拆的违建房中度日，但她从无怨言。所谓夫妻恩爱，恩是大于爱的。长久的爱情，往往是建立在彼此的感恩之上。

通过在巨海的学习，这些童年的影像、父母的恩慈、夫妻的情义，让李玉琦对生命有了更高一层的理解。他看见蓝天，会感恩生命的纯净；走在太阳底下，会感恩生命的温暖；呼吸空气，会感恩生命的包容；喝水吃饭，会感恩生命的养分。

什么是感恩呢？在李玉琦看来，感恩就是生活的态度、处事的哲学，以及与生俱来的良知；感恩就是能量的回流，让人内外兼修，充满能量；感恩就是精神的底色，让人光彩熠熠，魅力无穷；感恩就是灵魂的健康，让人清澈纯净，返璞归真。

如今的李玉琦，在朋友眼里是值得信赖的人，在家人眼里是求实上进的人，在顾客眼里是不断付出的人。因为感恩，他为自己的人生营造了一个良好的生态圈，可以不断地向高处攀升，和巨海一起去实践捐建101所希望小学的梦想。他相信，未来一定会有一所希望小学，写着"李玉琦"三个字。

他感恩巨海，给予了自己塑造伟大梦想的平台；他感恩自己，能够突破思维桎梏，身体力行，不断成长。他把对成杰的感恩与敬意，都深深放入平时见面那个鞠躬中，看似寻常，却将深厚情意与人生哲学蕴含其中。懂得感恩与表达的人，终将拥有属于他们的灿烂人生。

境：心怀感恩，内在和谐

01

2019 年 11 月 28 日是西方的感恩节。当天成杰正在厦门上课。他在朋友圈发布了一张巨海官方制作的感恩海报，然后分别私信给几位长辈、同人、挚友以及顾客："感恩有你。"

几分钟后，在上海的闫敏也收到一条微信提醒，打开来一看，是一个"520"的红包，她抿着嘴轻轻笑了，温柔与喜悦都漾了出来。这是他们结婚第 10 年，一起创业第 12 年。巨海为人们修建起一座滋养人心的智慧学院，成杰与闫敏像书院门口伫立的两棵银杏，彼此支撑与守望，他们有着独立的灵魂，也用朴素的方式表达着彼此的感恩与缠绵。

感恩节虽然源于西方，但成杰十分认同这份隆重的仪式感与深厚的文化传承。在西方，感恩节当天，人们会感恩食物的馈赠、亲情的陪伴，将这一天过得意义非凡。而在成杰看来，只要心中有爱，感恩当下，每一天就都是盛大的感恩节。生命需要不断的感动，生命也需要不断的庆祝。

成杰喜欢一本叫《一千次感谢——在当下勇敢活出丰盛生命》的书。作者是美国的安·福斯坎普，幼时的她由于4岁的妹妹车祸去世，关闭了通往感恩的大门。多年后，安早已成家立业，每天在经营的农场忙碌。不满、自责、挑剔和抱怨充斥着她的生活。直到有一天，她接到了一位友人关于写下一千次感恩的挑战。当安开始接受挑战，写下感恩清单时，她的人生开始发生了改变。

安后来在《一千次感谢——在当下勇敢活出丰盛生命》一书中写道："有时候，当你踏出第一步，你并不知道自己已经踏进了门，直到你已经在里面，你才发觉。"

她的感恩清单中都是些微不足道的事物：

1. 晨曦中旧地板上洒落的影子
2. 烤面包片上涂得厚厚的果酱
3. 云杉树高处蓝松鸦的叫声
……
37. 在白天最后一阵微风中嗡嗡作响的风车
38. 高领羊毛衫
39. 牛群与牧草的淡淡香气
……
243. 沾上风的香气的干净床单
244. 有家的味道的热燕麦粥
245. 晨曦里的光脚丫
……

748. 妈妈把鸡汤送到家后门来

……

783. 姐妹的谅解

……

882. 不露齿的笑容

……

891. 树林里的泥土香气

……

1000. 复苏盛放的朱顶红——新年来临时的礼物

生活从来没有什么尽如人意,但是当安从练习感恩开始真正睁开双眼去观察这个世界时,她便改变了与世界相处的方式,并且找到了一把打开人生奥秘的钥匙,开拓出生命的新高度和新宽度。同时,安还通过写作,将生命的喜乐与感恩源源不断地传递给他人,自己也成为一名畅销书作者。

安的经历也证明了一个朴素的真理:生命的拥有在于时时感恩,珍惜才会拥有,感恩才会天长地久。

02

这些年来,上海巨海成杰公益基金会一直致力于乡村教育建设和贫困学生帮扶的慈善事业。但成杰记得的,从来不是捐了多少钱、多少图书、多少物资,而是那些乡村里的孩子一双双明亮聪慧的眼睛和一张张喜悦感激的面容给予他的成就感与富足感。

成杰相信,人首先要学会感恩自己。从19岁走出大凉山,勇敢追求最好的生命状态到现在,成杰也逐渐拥有了感恩的软实力。如今,事业的顺遂让成杰可以坦然地面对自己回馈社会的创业初心，可以心无旁骛地去实践捐建101所希望小学的梦想，可以游刃有余地在商海沉浮中坚持巨海的企业愿景——成为中国商业培训优选服务平台。

他感恩自己，可以主动选择命运，而不是被命运选择；可以拥有更好的人生，而不是屈服于强悍的命运；可以手有余力，帮助众生，而不是在贫困交加里自顾不暇。

成杰相信，心怀感恩与善意的人，会拥有福报，创造奇迹。明代思想家袁了凡就是这样一个人。

袁了凡年轻时遇到一位"高人"，为他卜算仕途、有无子嗣等。起初，"高人"的卜算一切应验，袁了凡开始相信命理，平淡度日，直到后来遇到云谷禅师。禅师告诉他：命由己立，福自己求，祸福无门，唯人自招。

从此，袁了凡开始行善。他从不断感恩身边人开始，设立了一个小目标——做3000件善事，并定下了做10000件善事的人生计划。在感恩向善的同时，他秉持着持续向上之心。他的命运悄然转变，他自己最终也找到了更好的活法。

袁了凡渐渐对云谷禅师的话深信不疑：命运是可以改造的。此后，他还用自己改变命运的亲身经历为子孙留下了一本人生智慧书——《了凡四训》。他在其中特别提及：**受过别人的恩惠，要保持一颗感恩的心，对得起自己，也对得起别人，你的路会越走越宽。**

所以，当不甘于命运束缚时，除了感恩生命赐予的、每个人都可以拥有的勇气，我们还要感恩自己，感恩自己哪怕身处逆境，仍然拥有造梦的能力。李嘉诚说，有理想在的地方，地狱就是天堂。

我们不仅要感恩自己，感恩当下，还要感恩身边人。巨海对员工、合作者是慷慨的，这份慷慨来源于成杰对身边人发自肺腑的尊重与感恩。巨海相信团队的力量，也重视榜样的力量。成杰希望让每个巨海人都有成为榜样的梦想与机会，为他们提供了奋力拼搏的舞台，也为他们创造了造梦的空间。也就是说，除了物质上的奖励和馈赠，成杰还送给他们一份最珍贵的礼物——把自己活成了榜样。

100个道理不如一个行动。多年来，成杰坚持每天四五点起床，从未间断自我的学习与修行；永远保持谦逊、平和、喜乐的情绪；一直践行捐建101所希望小学的梦想；将培训当作终生事业……

在大家眼里，成杰不仅仅是一个榜样，他还活成了一束光。他用自己潜心研究和践行的生命智慧引导、照耀、温暖他人，毫不吝啬自己的付出与分享。在照亮他人的过程中，自己也拥有了丰沛的生命能量。

03

曾经有人提醒成杰，慈善与公益之路漫长且艰辛。且不说跋山涉水的坎坷险阻，单单是旁人的非议、质疑、谩骂，都可能让人陷入烦恼当中。而有时候，被捐助和帮扶的人甚至会和你反目，这不仅让人心寒，也让一些热心公益的人望而却步。成杰在绵阳的知己蒋晓军就有这样的经历。

有一年，蒋晓军看见报上登了一条中学生寻求助学的信息，便主动联系了他，并资助他读完了中学、大学。小伙子在政法大学毕业后，蒋晓军还四处替不善交际的他联系工作。

可小伙子的做法让人寒心。他参加了法院的招聘考试，通过笔试后，在面试中被刷了下来。本来是小伙子能力有待加强，可他竟然认为蒋晓军是一个"无用"的人。等他结婚的时候，蒋晓军甚至没有接到喜帖。这让一心做公益的蒋晓军满腹憋屈。

同样是做公益，成杰却采取了不同的做法。在成杰看来，公益与企业一样，需要用心经营，知晓人性，规避风险。成杰发起的所有公益计划，几乎都不会以个人行为出现，而是通过上海巨海成杰公益基金会这个平台进行推动与执行。

有的人做慈善，仅仅想成为一位慈善家；有的人做慈善，是因为慈善本身就是对心灵的滋养，对灵魂的净化，对生命的感恩。不是所有的人都懂得感恩，也不是所有的人都懂得慈善的意义。所以，在不可避免的是非面前，还需要保持一颗平常心。能付出，本身已经很富有。

未来，上海巨海成杰公益基金会对于贫困学生的帮扶，将不仅仅限于捐钱捐物。他们还将赋予学生们一笔巨大的财富——"梦想"。在每一次公益活动中，成杰都会尽量为孩子们进行一个小时的演讲，分享自己的梦想与奋斗经历，打开孩子们的眼界与见识，让他们有能量去寻找更好的自己。

爱，宏大而微妙，它拥有慈悲、感恩、温柔、付出、包容等美好属性。也许有人会问，如果一个人从小在自己的原生家庭就没有被爱过，那该怎么办？

成杰相信，每个人都曾被爱沐浴，爱需要用心感受。爱可以天天练习，感恩亦如是。将爱变成一种日常，将感恩变成一种习惯，总有一天，你会发现，自己已经学会了一门爱的语言。

懂得感恩的人，会时时发现生命里细枝末节的美好。阳光下感恩是太阳底下突然遇到的一片绿荫，下雨时感恩是雨水对干涸土地的浇灌，起风时感恩是灵魂像空气一样自由，下雪时感恩是苍茫雪景赋予生活的诗意。

"爱出者爱返，福往者福来。"我们对生命的感恩与付出，也终将获得生命的馈赠。它会给我们带来精神的愉悦，心灵的富足，以及内在的和谐。让我们和巨海一起，将未来种种的美好，以及无限的可能，都寄予一张感恩清单吧。

这张清单可以包括以下内容：

一、说出爱的语言。比如，谢谢你，我爱你，有你真好，你真棒。

二、给身边人写感恩信。用那些或质朴或深情的文字，感恩每一个爱我和我爱的人。

三、制订和实施详细的感恩计划。所有的伟大都源于一个勇敢的开始。

02
生命的能量
在于焦点利众

静：怀利众之心，做最美"逆行者"

01

2008年5月12日，汶川发生了大地震，6万多人失去了生命，更多的人流离失所。1个月后，6月12日，成杰接到了"跨越天山的爱·川疆连心名师义讲"慈善活动的邀请。彼时的成杰演讲事业如日中天，商业演讲排满了每天的日程，这场慈善活动不但没有任何酬劳，连食宿、交通费用都要自己承担。对此，成杰丝毫没有犹豫，一口答允下来。

出现在慈善活动现场的，除了时年26岁的成杰，还有一位是当时已年近八旬的彭清一教授——成杰日后的良师益友。这一老一少都没有顾及个人私利，只求为抗震救灾贡献自己的微薄力量。

通过演讲，两位演说家为灾区共募得近百万元善款。但是，当时的成杰没有想到，这次"逆行"，为巨海的创立奠定了扎实的根基。

这场慈善演讲，唤醒了埋藏在成杰心中多年的梦想——为家乡的孩子修一所希望小学。但要实现这个梦想,需要让自己变得足够强大。在全球经济普遍不景气的2008年,巨海却逆风而上。所有的"逆行者",都有一颗利众之心;所有的"逆行者",成全的都是他人的利益,成就的却是自己的梦想。

许多人问成杰,何为利众。成杰回答,利众是一种善良的本性,一种无私的修行,也是一种高远的境界。利己和利众本是天性,但顺序不同,结果便不一样,意义也不一样。

将利众当作人生的一种修行,需要从"去小我"开始。这一点从生活中可以观察与习得。

作为生命智慧的传播者与修行者,每次与学员合影,哪怕每每被大家簇拥在前,成杰都会不动声色地退一步,不希望自己成为镜头前最耀眼的那一个人。

事实上,真正的荣誉从来不是因为抢到"C位"。遇事不推诿,有难不怯场,在他人犹豫、惶恐、躲闪时,逆流而上,勇往直前,这才是属于"逆行者"的荣耀与光芒。

02

2019年,成杰带领巨海智慧书院的学员到日本京瓷游学。这家由稻盛和夫先生创建,当时已经拥有60年历史的企业至今仍然欣欣向荣。在京瓷,成杰一行人见证了当今社会最有意义的经营哲学和人生智慧——"利他之心"。

稻盛和夫说,"利他之心"绝非只适用于企业经营。不管是治理国家,还是教书育人,在各种局面和情况下,它都是一个重要的判断基准。正如成杰在2008年的慈善演讲之后总结出来的一样,生命的意义在于帮助,你能帮助多少人,你的人生就有多大价值。

对内成就同人，对外造福顾客。巨海从利他与利众的维度出发，给予企业发展一个坚定而宏伟的目标。创业14年来，巨海成功捐建了18所希望小学，一对一资助了两千多名贫困学生，帮助和影响了上万家企业。

如果没有当初那一次利众无私的慈善演讲，没有那一次不计报酬的"逆行"，成杰可能就会停滞于当时的成功，而不去探索更远大的人生梦想。一个人选择了自私自利，就选择了渺小的自己；选择了无私利他，就选择了伟大的自己。

14年来，巨海在市场经济的浪潮中扬帆前行，从来没有忘记过创业的初心，除了让企业越来越好，还推动了正念利他的浪潮，推动中国的教育培训行业朝着健康、积极、有序的方向发展。

成杰崇尚李嘉诚的经营理念——有钱大家赚，利润大家分享，这样才有人愿意持续合作，才能财源滚滚。在一切共生关系中，如果每个人都懂得为自己做减法，给别人做加法，这段关系便会牢不可破。

成杰相信，上海巨海成杰公益基金会将秉承"以爱之名，从心出发"的长远规划，为乡村教育的未来燃起希望之光。

一个人的生命是有限的，一家企业可以创造的财富也是有限的，但是成杰相信，帮助人、影响人和成就人，才是巨海存在的价值与意义，才不负14年前因一场慈善演讲而起的创业初心。

03

怎样才能成为一个利众之人？成杰的答案很简单：去小我，求大我，追求无我。这个答案看似深奥，但只要真正觉悟，用心践行，任何人都会发生不可思议的改变。

张俊是成都一家环卫公司的创始人。在成都，大多数人习惯了安逸享乐、悠然自得的生活环境，一杯茶、一壶酒、一根烟、一桌麻将，再加上老婆孩子热炕头，可能就是他们所有的人生追求。人在顺遂之时，很难进行自我省视，所以当朋友向他推荐巨海的课程时，张俊勉强去听了两次，并未悟得其中真谛。

2017年，公司发展遇到瓶颈，出现了团队懈怠、人心涣散的情况，张俊又一次来到成杰的课堂上。那一天，张俊如一个在沙漠中行走的人突然寻到了一片绿洲，又如在阴湿多日的冬季遇见了一片破霾而出的阳光。他看到巨海士气高昂的团队，看到无数优秀企业家在智慧面前谦逊而神采飞扬的脸，也看到比自己还年轻的成杰用一个造福他人的梦想成就了自己。

张俊开始审视自己的企业，从来都没有企业文化和企业愿景，除了赚钱，也没有认真思考过企业和员工的成长与未来。他当即决定加入巨海，成为巨海的合伙人。除了把企业经营好，帮助他人，服务社会，回馈国家，成了他的人生目标。

那天张俊真诚地邀请成杰到他家吃饭，成杰因行程未定未能成行。但张俊为了等成杰的到来，赶紧回家拆了之前的麻将房，又用了十几万元将其改装成书房。成杰一直身体力行地告诉顾客：学习是最好的转运，读书是最好的修行。张俊一改之前的生活方式，除了必要的应酬，大多数时间在家喝茶，看书，写东西。从生活习惯到学习习惯的改变，是成杰对张俊的第一步"改造"。那些天，他平静而笃定，他相信成杰会来，他也相信在彻底颠覆了对生命意义的理解之后，人生终将改变。

2017年7月，成杰应邀来到张俊家，和张俊及其家人一起在书房留下一张合影。在这间书房里，成杰读懂了张俊改变与成长的迫切与诚意,也再一次坚定了自己奋斗的方向:教育的意义,从来不是帮人挣多少钱,而是让人活得有血有肉,绽放智慧之光。

张俊的蜕变也成了他旗下公司和员工的福音。当他被生命智慧赋予了能量之后有如神助,每一次公司参与的投标都从未落空。业务增长,再加上巨海商业智慧的学习,让张俊在企业经营管理中游刃有余。张俊经营的环卫公司从到巨海学习前的年营收1000多万元,大幅增加至3000多万元。2020年,年营收突破了5000万元。

除了企业发展有了很大的起色,张俊的家庭生活也有了很多改变。过去,张俊忙于应酬,难得陪伴、照顾家人,家庭关系也曾出现危机。如今,孩子跟随父亲爱上读书,在巨海未来领袖智慧商学院学习演讲,成为班级中的佼佼者;妻子作为公司的经营者之一,也加入了巨海智慧书院,成为生命智慧的受益者。

巨海对张俊最大的雕琢,莫过于将他从一个为自己而活的人变成了为他人而活的人。2018年,张俊一家三口跟随成杰前往不丹、尼泊尔游学,找到了"做好人、行善事、发菩提心"的生命意义。

对于公司的员工,张俊关心他们的收入增长,更关注他们的生命成长。正因为如此,他带出了一支没有私欲、懂得付出、积极奋斗的团队。为此,张俊每年设立10万元援助基金,为需要帮助的员工保驾护航;设置"孝道之星"奖项,周末组织志愿者去敬老院服务,每年重阳节和60岁以上的环卫工人一起吃饭,一起过节;春节前回老家,提出为家乡学校维修尽一己之力,以及为妻子家乡捐出10万元修路等;积极关注垃圾分类及环境保护,研发、生产出垃圾处理机,为家庭减负,为社会造福;积极参与巨海希望小学公益活动、一对一帮助留守儿童,一起实现成杰的梦想……

张俊清晰地看到自己的每一分变化与成长,不禁热泪盈眶。从一味追求商业利润到成就员工、造福社会,张俊通过在巨海的学习战胜了利己之心,获得了从未想过的幸福与圆满。

"自利则生,利他则久。"无数先行者用逆行的脚步,证明了人生的首要突破,就是超越利己主义。

进：焦点利众，做托起太阳的人

01

2019年末，一部叫《庆余年》的电视剧在坊间大火。就在大多数观众追范闲的主角光环、追跌宕剧情的时候，编剧却暗暗地把无上的荣耀给了两个角色。

其中一个是滕梓荆，刚出场没多久，就为范闲从容赴死。他的牺牲，不是甘于被奴役，而是被范闲的利众之心、真诚待人折服。

另一个是叶轻眉。她是范闲的母亲，虽然剧中几乎没有关于她的正面表现，但她留在监察院的碑文深入人心：

愿终有一日，人人生而平等，再无贵贱之分。守护生命，追求光明，此为我心所愿。虽万千曲折，不畏前行，生而平等，人人如龙。

在她留下的碑文里，我们可以读到这个女子的博大胸怀及利他之心。

在这部剧中,你如果能读懂创作者对美好世界的期待与向往,那一定也能读懂像成杰一样的人,在公益事业上的执着与无私,在培训事业上的忠诚与忘我。他们不是虚幻的剧中人,而是现实世界里不断用微小的光亮去照耀他人,不断用今天的隐忍去托起明天的太阳的奋进者。

人,眼有大众之影,耳有大众之声,心有大众之功,身感大众之惠,发心修行,增福开慧,利益众生。

自 2008 年参与汶川大地震抗震救灾慈善演讲之后,成杰就被无私利他之心赋予了无穷无尽的能量。创业初期最艰难的时候,无数人质疑、不屑,乃至嘲讽他捐建 101 所希望小学的梦想,但成杰从来没有失去过信心。他相信,这个世界上一定会有一群和自己相似的人,去支撑人类与生俱来的善良,以及在喧嚣人世里也不会泯灭的美好愿望。

那一天,成杰像往常一样,为学员讲述着自己捐建 101 所希望小学的梦想,这梦想深深地打动了百圆裤业创始人杨建新。因为同样拥有捐建希望小学的梦想,因为同样不断在经营企业路上的践行公益,杨建新相信,眼前这个年轻人心怀大志,值得托付。

2010 年 7 月 14 日,在杨建新的支持下,巨海第一所希望小学——巨海百圆希望小学成功落地。两个萍水相逢的人,因为同样一份焦点利众之心,同样白手创业的经历,一起为更多心有大爱的人起了模范作用。

心有大爱的企业上了轨道,能高速而安全地行驶;心有大爱的企业家,则会更加圆融与通透,更加洞悉生命智慧与幸福法则。而巨海与百圆裤业捐建第一所希望小学之后,无论是企业发展抑或公益事业都如同开了"挂",一路风驰电掣。如今,巨海已经在全国开设了百余家分公司（子公司、联营公司），并已经成功捐建了18所希望小学。

有人问成杰，创业十几年，最大的收获是什么。成杰回答："创业让我的心智变得越来越成熟，让我的心量变得越来越宽广，让我的心性变得越来越高远，让我的人格越来越完善。"所谓人格的完善，不仅是勇敢，还是善良；不仅是收获，还是付出。它是心灵最纯净的涤荡，也是灵魂最无私的升华。

02

巨海第12所希望小学——巨海李小红希望小学位于重庆市城口县沿河乡，从重庆主城驱车到那里，单程就需要7个多小时。2019年4月初，它在上百位企业家的见证下，完成了捐建仪式（该校已于2021年5月17日落成）。

李小红是巨海重庆分公司的联合创始人，也是这所学校的主要捐建者。在与大家一起坐车前往沿河乡的途中，她对着窗外沉默良久。窗外从清早的黧黑逐渐变得灰白，李小红眼前一幕幕闪过的，却是自2015年携手巨海之后，一路走来的激情、喜悦、成长与蜕变。

李小红出生在河北邢台，父母都是普通工人。在他们的认知里，能看着女儿从河北工业大学毕业，21岁到重庆创业，从事汽车零配件制造企业的经营，已经是一种极大的满足。但那时的他们并不知道，这个在校学习成绩优异、工作埋头肯干，却有些内向的女儿，内心一直藏着一簇小小的、倔强的火焰。她想发光，想极力燃烧，想突破命运设定的人生轨迹。她在等待一次有力量的牵手，等待一次有光亮的指引。

2015年7月17日，李小红参加了巨海第203期"商业真经"课程。三天两夜的时间，她折服于成杰在演讲台上卓越的语言魅力，叹服于巨海团队的精进与激昂,更信服于巨海要捐建 101 所希望小学的恢宏梦想。

那天,成杰用 10 分钟时间将一本名为《一语定乾坤》的图书现场拍卖到 110 万元,并将这些钱全部投入到巨海第 7 所希望小学的建设中。李小红开始重新回顾与思索自己的人生轨迹。10 余年寒窗苦读,仅仅是为了创办一家经营还算成功的企业,然后成为一台只知道挣钱的机器吗?当然不!要向有结果的人学习。她当即买了价值 16.8 万元的课程,希望有一天可以像成杰一样,站在舞台上,向大家分享生命智慧的奥秘。

听过两节课之后,内心澎湃不已的李小红已经不满足于只是个人汲取智慧的泉水。那一刻,她想到了平时生意上的伙伴,想到了互相关怀的朋友。她感恩于长久以来他们的支持与付出,她想把改变更多人命运的机会带回重庆。

生命的意义在于帮助,生命的价值等于被需要。那一刻,她希望可以用教育帮助更多人,她也希望终有一天,在自己和巨海共同的努力下,有一所巨海希望小学能在重庆落地生根。

那一刻,从来没有从事过教育行业的李小红坚信,这个世界上,没有任何一个行业,任何一份工作,比唤醒他人的灵魂,点燃他人的生命,照亮他人的梦想,更有意义和价值。

李小红决定加入巨海智慧书院,成为巨海重庆分公司的联合创始人。连李小红自己也没有想到,这个焦点利众之梦会在 4 年后变成现实。短短 4 年时间,巨海重庆分公司实现了裂变反应,爆发出不可思议的能量。

它从 1 家分公司迅速发展到遍布整个重庆的 14 家,并成功开拓了北京、香港等地的分公司;从由几位创业者组成的小团队发展到如今上百位重庆企业家共同参与的大集合；从起初配合销售集团课程发展到如今开课常态化，每个月都有巨海的精英讲师在重庆传道分享。截至2020年底，巨海的精英讲师们在重庆共讲授了200余次课程。

就在2019年7月和11月，巨海重庆分公司还成功举办了成杰和世界励志大师尼克·胡哲同台演讲的千人"商业真经·国际研讨会"。这也让李小红更加坚定了自己的信念：自利则生，利他则久。

03

巨海步入正轨之后，常常有人来找成杰谈合作。成杰并没有满口答应，而是只看来人在两件事上的表现：第一，他是否和巨海有相同的梦想；第二，他是否心存善良，事事有利众之心。

懂得巨海精神和成杰梦想的人，事业往往绽放出奇迹般的光芒。巨海重庆分公司在李小红的带领及团队的支持下，于2016年、2017年连续两年获得了巨海联合创始人销售冠军，她个人也悄然发生了变化：

通过在巨海的学习，她的思维模式发生了质的改变，经营上从单纯地追求利益变成了帮助人、影响人、成就人，经营的企业从之前的一盘散沙变成了拥有日日精进、战无不克团队的精英企业；她不仅专注于个人成长，还带动丈夫和孩子们成长，整个家庭氛围变得健康向上、积极和睦。继大学毕业之后，她再一次成为父母眼中的骄傲。

最重要的是，她从一个有些内向、不会演讲的老板娘，成长为如今台上意气风发、令员工和合作伙伴群情激昂的女企业家。

跟随巨海和成杰一起学习的过程中，李小红总结了企业快速发展的经验。

一是用令人震撼的速度成长。只有自己不断成长，才能真正服务人、影响人、帮助人。

二是要持续不断地学习。学习让人趋于完美。怀揣美好，才能收获美好。

三是学会的，要教人；赚到的，要分享。

四是好的产品很重要，培养出一支精进、善战的团队也很重要。

五是焦点利众，这是商业运营的不二法则。

4年前，如果问李小红什么是幸福，她可能会觉得，企业发展平稳、家人平安健康就是幸福。但是，4年后，她明白了，幸福是一个宽广而深邃的范畴。一个人的幸福，仅仅是生活的意义，而让更多人过上幸福的生活，才是生命的意义。

巨海李小红希望小学的捐建仪式举行当天，李小红带着丈夫、父母和孩子来到现场。让家人见证她的荣耀，感受孩子们的喜悦，成了和巨海一起奋斗4年后，李小红送给家人最好的礼物。

当她和成杰一起弯下腰，让孩子们给自己系上红领巾时，当她抬起头望向在国歌中冉冉升起的五星红旗时，她觉得自己为灵魂找到了一个温暖的安放之处。

未来，她会常常回到学校，和孩子们一起上课、游戏，让他们像对朋友一样跟自己倾吐成长的烦恼，也会陪着他们在企业家捐建的图书角一起翻阅一本本图书……

她也清楚巨海捐建101所希望小学的梦想，她会坚定不移地和成杰一起，做托起太阳的人。身在巨海，会获得海洋般澎湃的动力；心在利众，则会获得宇宙里无穷无尽的能量。

净：水洗万物而自清，人利众生而自成

01

中国五千年文化里，对于利他精神的推崇早有发端。《尚书·大禹谟》记载，舜帝在传位给大禹时，还留下了"十六字心传"："人心惟危，道心惟微，惟精惟一，允执厥中。"舜帝在告诉大禹：治理天下，要坚守用心专一之道，让大公无私的道心与自私自利的人心相合。孔子也明确地提出："己欲立而立人，己欲达而达人。"

在成杰的记忆深处，利他精神的萌发，除了从书中阅读，还源于父亲的培养。父亲农闲时带着一群徒弟在老家修建土屋，他总是坚持"重活自己上，利益平均分"。父亲一生贫苦，但深受大家尊重与爱戴。

真正卓越的领袖，不但需要有领导力、决断力、战略眼光、远大的格局，还需要有一份发自肺腑的利他精神。他们出小我，求大我；弃"一己之爱"，弘扬"众生之爱，天下大爱"。

正是因为这份大爱，为成就乡村教育的成杰才在2008年创立了巨海。

此外，著名企业家稻盛和夫创办KDDI（第二电信）的初心也深深影响了奋斗中的成杰。在《心：稻盛和夫的一生嘱托》一书中，稻盛和夫提及了自己创办KDDI的初心："在事业开始前大约半年的时间里，每晚临睡前，我都会反复地、严肃地叩问自己的内心：参与通信事业，真的是出于善意，出于正确而纯粹的动机吗？不是为了自己获得名声吧？连一丝一毫的私心也没有吗？""自己确实没有私心。"直到毫不动摇地确信这一点，稻盛和夫才决定成立KDDI。

成杰创立巨海，也曾如此反复问过自己，而来自灵魂深处的回声一次次告诉他：自利则生，利他则久。

"帮助企业成长，成就同人梦想。"14年来，巨海不断地进行产品的更新迭代和研发，帮助10余万名企业家提升管理能力和领导魅力，改变了无数企业和个体的命运。巨海为同人持续输送精神食粮、灵魂滋养、商业内核。同样地，众多企业的崛起与壮大也有反哺之义，让巨海越发心量如海、浩瀚澎湃。

02

"水洗万物而自清，人利众生而自成。"成杰有一日早起，看露珠清透纯澈，身心犹如被洗涤过一般澄净而深邃，日日诵读的《道德经》涌上心头，最后提炼出了这句智慧心语。

"水洗万物而自清"源自《道德经》第8章中"上善若水，水善利万物而不争"，意为以水悟道，润泽万物，福被苍生，自清自纯；"人利众生而自成"源自《道德经》第7章中"天地所以能长且久者，以其不自生，故能长生"，意为以天地自省，谦退无争，利益众生，反而自成。

巨海成立 14 年来除了收获不俗的业绩，更收获了无数友情。这友情就像一滴朝露，映射出太阳、月亮以及星辰的光芒。大家彼此照耀，彼此润泽，在神奇的宇宙能量中共同生长。

统帅装饰董事长杨海与成杰相识、相知、相交 10 余年，他见证了当初那个清瘦俊朗的年轻人，一步步学习、攀登，在舞台上光芒万丈，在商场上挥斥方遒。而巨海也不断注视与陪伴着统帅装饰在市场上耕耘与突破。成杰与杨海，巨海与统帅，以管鲍之交的情谊、高度契合的价值观，在筑梦路上携手同行。

2005 年，杨海带着仅有几个人的团队，在上海创立了统帅装饰品牌。

2006 年，当大多数人对培训行业持观望态度的时候，杨海早已敏锐察觉了培训对企业经营发展的重要性。他很清楚，自己对企业管理、团队建设都没有太多经验，急需有人帮助他突破困局。因缘际会，成杰作为讲师，为统帅装饰做了一次全员培训，并由此与杨海成为至交。

2008 年，巨海创立，杨海邀请成杰任统帅装饰战略顾问，统帅与巨海深度合作至今。

初见成杰，杨海就察觉到眼前这位年轻人身上的炽热能量，他谈吐有致，眼底有光，年纪轻轻，却有着超乎同龄人的成熟通透。

成杰相信梦想的力量，决心用演讲影响和帮助他人；杨海立志深耕家装行业，以让每一个人都拥有幸福的家为己任。

在宇宙吸引力法则中，同频的能量终会相互吸引和相遇。两个人一见如故，成为至交。共同的利众理想，让当时冉冉升起的两位新星企业家碰撞出巨大能量。

当成杰向杨海袒露，自己将倾尽毕生精力捐建 101 所希望小学的梦想时，杨海深表理解与赞同。许多人都质疑成杰的这一梦想，也曾有企业家反复追问他:"你做这个真的没有目的吗?"成杰诚恳回答:"没有。"

别人眼里的"痴人说梦",在杨海看来却是点燃希望的星星之火。杨海认为,成杰做这件事情不是为了他自己,他明白一名企业家的担当与教育的重量。

2016年12月18日,在上海巨海成杰公益基金会成立一周年的慈善晚宴上,杨海捐出了110万元人民币。2017年,由统帅装饰牵头捐建的绵阳市巨海统帅希望小学落成。2019年12月,由统帅装饰牵头发起成立的桐城市文化教育发展基金会成立,统帅装饰捐款1000万元助力教育事业发展。

统帅装饰自成立以来,在扶贫、赈灾、助学、教育、关爱老人和儿童等方面始终走在行业前列,多次被评为行业公益先锋,杨海也多次被评为上海市家装行业慈善之星。每当为公益事业尽一己之力时,杨海时常会想起若干年前,成杰和他说起捐建101所希望小学时眼里闪烁的光芒。那光芒犹如初升的旭日,让人充满能量。

在巨海,像统帅装饰这样,因受到巨海精神感召而成为同盟的兄弟企业还有很多。当企业的焦点不再局限于利益层面,当企业以让社会变得美好为己任时,当企业以温暖的力量感召更多善行涌现时,商业将不再只是冰冷的数字与交易,这个世界的博爱与大义定会生生不息。

成杰笃信:"今天不管你从事什么行业,不管你的事业是大是小,只要你有一颗利众之心,你的企业、你的人生都会变得更加成功。"

03

天地之道,利而不害;圣人之道,为而不争;大商之道,济世苍生;

巨海之道，正念利他。多年来，巨海不断为统帅装饰团队注入正能量，多次开展"打造商界特种部队·统帅企业文化大训"课程，通过系统的学习，提高统帅装饰全体员工的服务意识和服务能力，增强团队凝聚力，传承企业文化。

而统帅装饰始终秉持与巨海相同的利众核心，对外，为顾客提供一流服务；对内，支持帮助员工成长，将公益行为纳入行政考核中，让善念、正念成为企业的文化基因。杨海不止一次提到，与巨海的合作，对统帅装饰意义重大，使其获益良多："通过在巨海的学习，我有了目标、梦想和方向，在不停的学习中收获了更好的自己。"

2019年1月，在统帅装饰家装旗舰体验中心的开业典礼上，杨海邀请成杰参观统帅装饰这一极具里程碑意义的空间。2019年6月，巨海大楼整体搬迁，全部室内装饰交由统帅装饰全权负责。

杨海说："只要成杰或者巨海有需要，统帅一定第一时间站出来。我相信如果统帅需要帮助，巨海将同样如此。"巨海与统帅的情谊，早已超越了商业合作的范畴及顾客服务的关系。彼此帮助，彼此成就，这不仅仅是巨海与统帅之间的关系，也是巨海与其他兄弟企业的关系。

正因为有了像杨海这样的企业家的信任和支持，成杰在心存感恩的同时，也心有宏图——要成为一家伟大的企业，就要以利众为发展核心，成就众生。具体来说，就是要成为一家伟大的企业，需要做到以下五点：第一，为顾客创造价值；第二，为同人创造平台；第三，为社会创造和谐；第四，为国家创造繁荣；第五，为人类创造希望。

成杰每年都会在巨海周年庆典上重温巨海创办时的誓言："成就巨海顾客的心，100年不会改变；成就巨海同人的梦想，1000年不会改变；成就巨海大业的心，10000年不会改变。"

一个时代的进步，一个民族的兴衰，一个国家的发展，注定要有人肩负使命,并为之付出汗水。而成杰带领的巨海早已擎起大旗,准备"为天地立心,为生民立命,为往圣继绝学,为万世开太平"。"我们巨海人希望:用我们的内心之火和精神之光,去照耀亿万企业家的生命,让未来的国家、民族、社会和世界充满希望。"

境：利众者伟业必成，一致性内外兼修

01

利众是一种修行，也是一种境界，正如老子所言，"天之道，损有余以补不足；人之道则不同，损不足以奉有余。"大多数人只看到利众者的付出，觉得他们事事为人，得不偿失。而有道之人在每行利众之举时，其实内心富足，并因自己的善举拥有了以下两件珍贵的礼物。

一是喜悦的心境。这种快乐超越了身体的五感，是一种上升至心灵的满足。

二是祥和的气场。它如同于深山的寺庙里看到祈福的香火，令人身心平静而和谐。

2020年春节前，成杰又去了巨海捐建的某所希望小学。他和孩子们一起在新建的操场上打篮球，听自己的心脏跳动得像一个15岁的少年。那一刻，他觉得所有的个人梦想、企业使命，都比不过看到这群孩子的笑容之后内心最真实的喜悦与感动。随着捐建101所希望小学

理想的不断践行，由其带来的企业价值和社会价值让成杰自己都觉得不可思议。

在巨海希望小学捐建到第 7 所的时候，周围那些质疑的声音渐渐都消失了。巨海用自己笃定的信心和毅力将梦想变成现实，也让员工有了巨大的荣耀。他们可以骄傲地对顾客说，自己服务这家公司，是因为与公司创始人成杰拥有一个共同的理想。

一个人除非自己有信心，否则无法带给别人信心。巨海拥有优秀的产品，也给予团队伟大的梦想和强大的信心，从而培养出一支擅长攻坚、充满斗志的阳光战队。

对于顾客而言，巨海提供了向善向上、帮助他人的通道与平台。许多顾客都有着成就自我、回馈社会的美好意愿，但过去或孤军作战，或找不到值得信任的平台，这些想法就像一些美丽的梦境稍纵即逝。巨海将这些梦境一一复原，并与他们携手，让梦境成真。

慈善的意义从来不为钱财的汇聚，而是为更多人找到心灵的归宿。许多顾客从 5000 元、1 万元、5 万元、10 万元起，为上海巨海成杰公益基金会倾注自己的一份力量。点滴善意，涓流入海，成杰有感于这一颗颗赤子之心，更以毕生所学所长为他们的企业赋能。

如此能量提升，循环往复，投身于巨海能量池的顾客受益无穷——如果一个人没有别人的需要，就没有存在的价值。这世界上还有什么财富，比找到生命的价值更宝贵？

02

成杰相信，真正的企业家需要肩负道义，战胜人性中的贪、嗔、痴。做企业，最重要的还是利益众生。巨海在企业经营与发展中推动"焦点利众"的学习运用时，只有两个中心价值：一个是员工价值，另一个是顾客价值。

这跟华为在某种程度上不谋而合。"以顾客为中心,以奋斗者为本",是华为的根基。在任正非的价值世界里,奋斗者一直都占有很重要的地位:没有顾客,企业就无法生存;没有员工,没有勤勤恳恳的奋斗者,企业同样无法生存。因此,在工资和福利待遇方面,华为一向慷慨大方。只要员工为华为做出了贡献,就不用担心回报。

以奋斗者为本的核心价值观,源于任正非"不让雷锋吃亏"的理念。创业之初,任正非就把"不让雷锋吃亏"的理念,应用到人力资源管理中。1997年,华为最早明确了以顾客为中心的价值观。从那一年起,在华为的价值链中,顾客利益开始高于其他一切群体的利益。

当巨海奉行这两个中心价值的时候,企业也更加蒸蒸日上。当一些局外人看不懂巨海奖励员工品牌汽车的时候,只有付出过汗水的人才清楚,巨海永远不会亏待奋斗者和创造价值的人。当一些不思进取的人看不懂企业家在巨海一掷万金的时候,只有行进在学习路上的人才明白,自己的企业、人生都因为在巨海的学习迈上了无数个台阶。

03

利众者伟业必成。以利众为根,以伟业为冠,在修行生命智慧的道路上,还要"修身以为弓,矫思以为矢,立义以为的,奠而后发必中矣"。

光说不练,效果为零。一致性内外兼修的学习精髓,是让利众之心深深植根,并长成葳蕤大树,成为庇护大众最行之有效的方式。为此,成杰为学习者提出了以下五点建议。

第一,要言行一致,言必行,行必果。

第二,要知行合一,学习和运用密不可分。

第三，要思行合一，想到便要做到。

第四，要心神合一，心静神宁，才能平和顺遂。

第五，要天人合一，天地相通，道法自然。

而肩负利众重任的企业家或领袖，也需要在生命智慧层面进一步提升自己。为此，成杰分享了迈向生命智慧金字塔尖的五个通道。

一是自我期许。对自己有梦想、有期待。

二是自我要求。要自知、自信、自省、自律。

三是自我精进。老板进步一小步，企业就能进步一大步。

四是自我超越。不满足当下，不停滞当下，就会越来越好。

五是自我圆满。不断追寻人生价值，才能实现圆满人生。

巨海逐渐壮大之后，更肩负着强大的使命感，并为此着力推动平台的作用。从2020年起，巨海聚焦于"提升员工内在动力"和"升级顾客价值"两个方面，并以此为出发点提升产品竞争力。

针对前者，巨海提出"巨海人才发展研究院"计划，重点针对人才的培养和输出，以及持续引进优秀的销售和管理课程，为员工提供丰富的知识结构。

针对后者，巨海将成立"巨海合伙人课堂"和"巨海企业课堂"，并从公司利润中拨取部分教育经费，服务和回馈高端顾客。

这些年来，巨海一直在践行"帮助人，影响人，成就人"的道路上。每一堂课，每一个系列的培训，成杰都竭尽所能地亲自上阵。但他也清楚地知道，巨海真正的成功，不是自己一个人攀升至事业的巅峰，而是终有一天，他可以微笑着，亲自将比自己更优秀的人送上光彩熠熠的舞台。

世界唯一不变的就是无常，但成杰相信，宇宙中有一股神秘的力量，将一直护佑美好，让善者更善，让强者更强。

03

生命的伟大
在于心中有梦

静：我的人生是我设计的

01

1999年，李彦宏从美国硅谷怀揣120万美元回国，创办了百度。

1999年，马化腾开发出QQ的前身OICQ，同年11月注册用户就疯涨至6万。

……

1999年，在荒凉落后的大凉山一隅，一个17岁的初三学生，在昏暗的灯光下写下一篇文章，叫《成功》。

成功是人类对未来美好生活的追求和向往。我们渴望成功，我们向往未来，我们努力追寻自己的理想。

当然，成功是一个不断奋斗、不断收获又不断感到失望与不满的历程。成功永无止境，像一条无终点的道路，这路上荆棘丛生，陷阱重重。走上这条路的代价，就是辛勤的汗水和艰苦的磨炼。

坚韧是人生的风帆，脆弱是生命的暗礁。世间没有绝对的成功，所有的成功都是从一次次失败中寻找到的光点。我们只要用孜孜不倦的精神感化艰难险阻，一路上就能欣赏到奇山秀景；努力耕耘人生田园，才会在这片田园中采摘到甜蜜的硕果。

扬起自信的风帆，迈出坚定的步伐踏上人生旅途，铺就一条精彩的成功大道吧！

文章发表在四川省一家省级刊物上，随后又荣获《成功》杂志社"青春杯"征文优秀奖，作者叫成杰。

那一年，成杰正在面临成长路上一个重要抉择。当时大多数大凉山的少年初中毕业后，或回家务农，或外出打工，只有极少数能在父母艰难的支撑下继续读书，以期毕业后找个好工作。成杰最初的梦想是当警察。

因为地处偏远，凉山州那些年治安情况并不乐观。自小热爱习武的成杰想，若能考上警校做一名警察，有职责和技能傍身，就能匡扶正义，除暴安良，这样便是圆了自己的武侠梦。

还是那一年，一位同乡从凉山警校毕业，没有分配工作，也没能找到其他出路，只能回乡务农。成杰如见镜中人，心想若是让父母辛苦凑齐学费，却无法实现就业理想，这几年付出的时间与金钱，都是枉然，还不如回家帮疾病缠身的父亲分担农活。于是，17岁的成杰决定放弃继续升学的机会。

虽然日日在地头田间劳作，成杰仍然将读书作为第一要事。尽管眼前的处境并不如人意，但随身携带的书籍让成杰时时不忘自己的梦想。也许，这梦想在当时很多人眼里看起来很奢侈。

18岁那年，成杰和伙伴一起去邛海边游玩，无意中看到一辆奔驰车。20多年前的西昌，连私家车都比较稀有，更别说奔驰这样的高档车了。

大多数男生对汽车都有着天然的热爱与拥有的梦想，成杰也不例外。他绕着这辆奔驰车，转了足足不下十圈。任凭伙伴怎么喊，他都痴痴地留在奔驰车旁。他把这辆奔驰车看在眼里，牢牢地印在心里，仿佛此刻全世界只剩下他和奔驰车。

成杰想起父亲徒步几十里山路背自己去学校，想起在父亲背上听他沉重的呼吸，想起父亲晚上脱下鞋袜脚上磨出的血泡。那一刻，成杰拥有了一个当时看起来很奢侈的梦想——拥有一辆奔驰车！

永远不要小看自己的梦想，当它实现的那天，你会明白，即使生来贫富有差，但每个人都有拥有梦想的权利。

人会成长，梦想会长大，但人的出身、家境、所处的圈层并不会自动发生变化。如果自己不主动成长与改变，最终就会在命运里妥协，或者被残酷的命运吞噬。那一刻，被逼仄空间、贫瘠生活、世代务农禁锢的思维方式因这个梦想而被打破。

那时的成杰如在大海上漂浮的一叶孤舟，看不到前行的方向，但心里有个声音告诉他，要改变面朝黄土背朝天的生活，要拥有比吃饭穿衣更高级的梦想，要将天马行空的梦想付诸行动，就必须冲出这大山，冲出眼前的环境。

02

在中国，深度贫困地区主要指"三区""三州"，成杰的老家四川凉山州便位列其中（2019年11月，四川省实现贫困县全部清零）。在那里，大多数人一出生就伴随着日复一日物质的匮乏、劳作的倦怠、亲人的叹息，他们几乎少有梦想，也很少有人知道梦想到底是什么。

在父亲身上，成杰看到过梦想的雏形：

父亲因为常年辛劳，早早患上了慢性支气管炎等疾病，特别畏寒，大凉山的冬天土屋里冰窖一般的冷，他常常念叨要是有一床电热毯就好了；

平时系一根两块钱腰带的父亲，每次去乡里赶集都会去那家百货商店，摸一摸贴着标签的皮带，然后默默地走开；

父亲还常常念叨，如果有一天，能去北京，看看天安门，去纪念堂看看毛主席；

……

这些梦想的碎片，在逼仄的生活里一闪而过，父亲心心念念的"奢望"，却引起了成杰的深思。通过认真的思考，成杰意识到：不走出去，眼前就是你的世界；走出去了，世界就在你的眼前。

人类对于未知世界有着天然的恐惧，但如果不是当年穴居的原始人勇敢地走出洞穴，去寻找和创造更理想的家园，就没有人类的进化。

在家乡，生活就是拼尽全身力气，挣上一日三餐，再换回一身力气。像老牛拉磨一样周而复始的日子，以及只有从书中读到的光彩熠熠的人生，都在催促不到20岁的成杰，如果不主动选择命运，自己终将和父辈一样，成为被命运选择的人。

星云大师分享过"无常"的价值：带来希望的人生，具有自由的精神，否定神权的控制，破除定命的论调。成杰相信，没有人的命运可以被上天决定，只要心中有梦，敢于打破常态，实现"无常"，便可以造就伟大的人生。而未来路上所有想象得到的阻碍，与可以一眼望到头的悲凉无望相比，不再是恐惧。

2001年，在一位叫李吉明的初中同学的影响下，成杰决定到绵阳打工。他揣着560元离开家乡的时候，未来和梦想一样混沌，但成杰清楚地知道，和固守在家乡一辈子的父母相比，自己的人生已经有了很不一样的变化。

或许成杰拥有的只是天马行空的梦想、与生俱来的勇气，但正如软银总裁孙正义所说的那样，人们最初拥有的只是梦想，以及毫无根据的自信，但是所有的一切都将从这里出发。

2003年，离家两年多的成杰做过餐厅服务员，卖过报纸，当过安装空调的工人，摆过地摊，开过书店。在经历无数尝试与挑战之后，7月17日那天，他听了一场演讲。

如果说之前所有的梦想都如同外太空的星云飘忽不定，那么这场演讲则让成杰的梦想第一次深深扎下了根。"我要进入培训行业，我要成为一名超级演说家。"成杰听见自己内心笃定的声音。

7月18日，成杰迈进培训公司希望入职，在遭到拒绝后，以零工资试用的方式，成为中国教育培训行业的一员。19年来，他从未离开，并立下誓言，终生站在这个舞台，用自己的梦想唤醒和催生更多伟大的梦想。

03

爱因斯坦小时候是人们眼中的"笨孩子"，牛顿小时候在学校成绩平平，爱迪生从小被老师抱怨"他学什么都是那么笨"，而成杰也从来不被认为是个聪明人。

初中时，同寝室的同学玩笑嬉戏，他默默地抱起书本，把握难得的阅读机会；

在工厂当工人，工友们会时不时偷一下懒，他却使出全身的力气去做好每一道工序；

摆书摊时，为了把书卖出去，不善言辞的他练习演讲，提高销量，也为自己的演讲生涯铺下了基石；

为了进入培训公司学习演讲，他主动提出零工资试用，一个月后就成为公司的销售冠军；

在培训公司关门以后，他坚持进行了数百场免费演讲，提升了技能，也打开了市场；

汶川大地震后受邀参加慈善演讲，由此与恩师彭清一教授结缘，并孵化出创立巨海的决心……

追溯成杰一路追寻梦想的过程，恰恰印证了这样一个朴素的道理：这个世界从来不缺少聪明人，而是缺少脚踏实地的老实人。他的老实，让看似虚无的梦想化成一个个具象的目标，让梦想在不断实现中发生一次又一次的升级和裂变，让凌云壮志终于落地生根。

18岁时在邛海许下的奔驰梦早已实现。巨海的第一辆商务车是奔驰车，给优秀员工的奖励是奔驰车，送给太太的礼物也是奔驰车。

现在，成杰可以很坦荡自信地告诉每一个在追寻梦想的道路上踌躇不前的人：所有的障碍，都取决于你的认知跟实力。如果只是投机取巧，而不是直面困难提升自己，即使大好的机会与平台就在你眼前，你也无法把握。

梦想是什么？它存在于哪里？成杰用自己进入教育培训行业19年的经历摸索出了答案。23年前，17岁的成杰写下的《成功》这篇文章，成为属于他个人的梦想启示录；23年后，成杰用自己持续奋斗的人生轨迹，为无数企业与无数心怀梦想的人提供了一本梦想启示录。在这本启示录里，成杰表达了自己的核心观点——我的人生是我设计的，我的未来是我创造的。

进：让更多稚嫩的梦想在巨海崛起

01

2020年,"90后"开始进入而立之年。在许多人的眼里,"90后"大多家境宽裕,很少像父辈一样体验过生活或命运的艰难。但是,在巨海有着一群不一样的"90后"。

他们中有人来自条件艰苦的乡村,但如岩石上的雪松,美且坚韧;有人朴实无华,但如即将成熟的水稻,谦逊温润;有人没有高学历,但一直精进,如雨后春笋,拔节有声。在巨海这个舞台上,他们发出了洪钟般的声音,散发出蓬勃的力量,拥有了无所畏惧的勇气和稚嫩微弱却执着坚守的梦想。

据巨海人事部门统计,2019年时巨海30岁以下的员工,已经达到了员工总人数的69.5%。而职务在总监以上的员工,30岁以下的占了41%。

巨海为什么会有这么多"90后"的员工?其实,这跟成杰自身的经历有很大关系。

成杰不到20岁就离家闯荡，21岁便立志在教育培训行业搭建自己的人生舞台，4年时间便成为一名知名演说家。创业那一年，他仅仅26岁，到他而立之年，巨海已经4周岁，第一所巨海希望小学也在无数不相信、不认同的声音中落成。成杰将梦想的第一块基石稳稳地铺在了家乡西昌，然后从这里出发让梦想不断开枝散叶。

成杰始终记得，自己是大凉山的孩子。田间地头的艰苦劳作，青黄不接带来的饥饿，激发出了他走出大山、改变命运的梦想。然而，没有学历，没有背景，没有资源，没有社会关系，曾经长达63天找不到工作，这些都没有击倒他。

为了实现做一名演说家的梦想，他甚至提出以零工资的方式加盟，只为叩开培训公司对他紧闭的大门。

正因为经历了这些，巨海创立后，成杰愿意为与他当年一样家境贫寒却拥有凌云之志的年轻人搭建一个舞台，呵护和培养他们稚嫩的梦想。

大多数刚刚进入社会的年轻人缺少的不是工作机会，而是一种正面利他的价值观，以及一种立足当下、放眼未来的世界观。成杰以个人从无到有的创业精神与不断拼搏的榜样形象，以及心怀天下的宏伟梦想，让他们看到了这个世界上有一种企业文化与精神力量，这远远比附着在招聘信息上的月收入更吸引他们。

当许多求职者在人生十字路口上茫然四顾的时候，巨海如摆渡人，把他们载去梦想的舞台、智慧的彼岸。无论家境贫富、学历高低、资源多寡，只要你拥有永不服输的坚韧，拥有光芒四射的梦想，巨海就都会给予你一个公平的学习、成长、奋斗的舞台。你的梦想有多大，巨海给你提供的舞台就有多大。

02

1990年,刘锡朝出生在山东济宁梁山县的一个农家。在他出生之前,家里已经有了一个哥哥、一个姐姐。除了农忙季节,会点儿木匠手艺的父亲还会外出打工贴补家用。

一生辛劳的父母希望孩子们能争取与父辈不一样的人生。上学是最好的出路。他们省吃俭用地供三个孩子上学,为了凑足学费偶尔还会向人借钱。幸运的是,哥哥读到高中,姐姐读到研究生,刘锡朝也读到了大学。有了知识的加持,三人拥有了更广阔的天地。教育改变了一家人的命运。

不过,刘锡朝人生真正的蜕变,是从择业开始的。2013年,毕业后的他孤身一人前往上海求职,寻找梦想微弱的光亮。人生旅途并非总是一帆风顺。除去一纸文凭,年轻的刘锡朝没有工作经历,没有社会背景,甚至没有一个熟人,长达50天没有找到一份合适的工作。最后,狼狈的他花光了生活费,只能向昆山的哥哥求援。

2014年3月20日,刘锡朝在人才市场与巨海结缘,第一次接触到同样从农村出发到城市追寻梦想的成杰。他深深感到,自己所经历的,与19岁就离开家乡,只有初中学历的成杰相比,完全称不上"坎坷"二字。

从那一天起,巨海赋予了刘锡朝一种崛起的可能。平凡的出身、平凡的家境、平凡的资质,这一切都不重要,巨海人只需要拥有一样东西,那就是梦想。让梦想平地崛起,随之而来的,一定是德行、精神、行动的崛起,进而是生命的崛起。而每个人的崛起,都推动着家庭的圆满、社会的发展、国家的进步。

试想,如果当年的成杰甘于在家乡过着平淡的生活,今天缺少的就不仅仅是一家优秀的教育培训公司，更是一台为员工、顾客、合作伙伴提供正念利他梦想的发动机。迄今为止，这台发动机鼓舞了上百万人的心灵，让他们勇敢拼搏，朝着梦想出发。

在巨海，刘锡朝想起了学生时代读过的李嘉诚传记，想起了他的少年白手起家、中年商业崛起、一生不忘初心回馈社会。因为对李嘉诚先生的崇敬，离开家乡时刘锡朝暗暗下定决心：若有朝一日事业成功衣锦还乡，愿以一己之力，对教师、军属进行扶持，共荣共生，向善向上。

彼时的刘锡朝，带着被捐建101所希望小学唤醒的利他精神和强烈的崛起愿望，踏进了巨海的大门。他希望，终有一日能像李嘉诚和成杰一样，凭自己的奋斗成为人群中的佼佼者，并成就他人。

03

许多初入巨海的员工往往会被每天早上就干劲儿十足的成长突击队震撼。当一个普通人被赋予战斗力量与团队精神，当所有对生命的期待都在呐喊与汗水中被点燃，刘锡朝坚定地相信，生命是一场战役，但"剩"者为王。他需要战胜自己性格中的内敛，需要战胜自己不善言辞的局限，也需要战胜自己面对困难时的退缩心理。

这时，成杰成了他最好的榜样。他看到成杰在舞台上演讲的光芒，看到成杰多年来在教育培训行业的坚守，看到成杰在成功后仍不断坚持的自律与精进，看到成杰怀揣捐建101所希望小学的梦想不断前行的柔软与慈悲。

无数次被挂断电话，无数次的闭门羹，都没有让刘锡朝失去信心。因为他看到了成杰奋斗的经历，他认同巨海"帮助人，影响人，成就人"的理念。拥有强烈使命感的刘锡朝越挫越勇。

他曾经从晚上9点开始在一家酒店等顾客，直等到凌晨1点多。然而顾客才结束会议，着急去休息，并没有接待他。那时刘锡朝刚刚工作，底薪只有1500元，打车回家或者住酒店都舍不得，只能在酒店找了个角落，搭两把椅子睡到早晨赶回公司。这名顾客最终没有成交，但是刘锡朝始终记得成杰说过的话：成功需要不断的尝试。

因为不断尝试，因为坚持与奋进，也因为巨海实用精进的产品价值，刘锡朝渐渐拥有了固定的顾客群体，并在工作中游刃有余。也许他没有聪慧的天分，但是他日日精进；也许他没有强大的资源，但是他务实勤奋。短短一年时间，刘锡朝的收入发生了突飞猛进的变化，从月薪1500元变成了年收入20万元。

2015年，巨海重庆分公司成立。在上海干得风生水起的刘锡朝被安排到重庆开拓市场。同样是陌生的城市，但这一次，他没有初到上海时的诚惶诚恐，也没有初入巨海时的青涩稚嫩。他相信巨海的产品能为更多人带来福祉，也相信与合伙人李小红携手再战，会让巨海这个品牌在重庆绽放出更耀眼的光芒。

短短4年时间，重庆分公司战绩辉煌：不仅将子公司从最初的1家发展到目前的14家，还成功开拓了北京、香港等地的分公司。刘锡朝和团队一起推动了巨海重庆分公司的成长与裂变，更亲眼见证了巨海第13所希望小学巨海和飞希望小学在重庆落地。

巨海商业价值的实现推动了成杰梦想的一步步实现，而员工的开拓与付出也获得了巨海的尊重与推动。巨海赋予每一个新人最大限度的创业自由，提供稳定的薪资、优秀的口碑、成熟的产品，你只需要带着你曾经以为稚嫩的梦想，在巨海这个巨大的孵化器里，让它破壳而出。

2020年，刘锡朝30岁。他已经从一名毫无经验的市场销售人员成长为巨海上海分公司营销总监，从入行时月薪1500元到如今年薪百万，从一个刚毕业的大学生变成了30岁前实现买房买车、成家生子目标的职场精英。

刘锡朝的经历令许多同龄人觉得不可思议，但当真正读懂了刘锡朝奋斗的经历，读懂了成杰与巨海的故事，他们会相信：人生不设限，才会精彩无限。

未来的日子，刘锡朝将继续举起生命智慧的火炬，照耀更多拥有梦想的人。同时，他希望将自己成长的经验与智慧，分享给巨海的新人，以及未来像山泉、小溪、河流一样源源不断汇入巨海的年轻战士。

在刘锡朝看来，要实现自己的成长，需要做好以下几件事。

第一，自强不息，心怀梦想。

当一个人知道自己想要什么的时候，整个世界都将为之让路。

第二，做好自己，脚踏实地。

成杰曾说过：想，壮志凌云；做，脚踏实地。想要进入更好的圈子，先要成就自己。

第三，不忘初心，日日精进。

巨海不仅是一家公司，也是一所学校。保持终身学习、日日精进，终有一天，你会拥有更伟大的梦想。

第四，跟对人，做对事。

具体来说，就是向高能量的人"化缘"，向优秀的人靠拢。焦点利众，众人成全。借助平台的力量，更能超越自己。

在巨海，像刘锡朝这样朴实平凡又坚韧忠诚的"90后"员工还有很多。2020年伊始，成杰提出"服务至上，价值取胜"的年度战略思想，并要求每一个巨海人都要成为新价值的贡献者、新服务的提供者，以及新体验的参与者。

成杰说："未来的时代一定是服务的时代，顾客忠诚的不是你，也不是你的企业，而是你和你的企业为他创造的价值。"产品是企业发展的基础，人才是企业发展的第一核心竞争力，服务则是企业发展的灵魂。为巨海培训更多年轻的人才，为顾客提供更有价值的服务，为社会带来更多正面影响力，是巨海当下的重要战略。

成杰相信，这世界上最伟大的教育，便是不断孵化稚嫩的梦想，让每一个平凡的生命都能崛起在灵魂的高处。

巨海人三十而立，立在智慧的丰盛，立在德行的美好，立在梦想的伟大。

净：梦想，铸就博爱利众生态链的根基

01

2019 年 11 月，一场突如其来的山火席卷了澳大利亚。大火足足持续了 4 个多月。超过 10 亿头动物死亡，整个澳大利亚的生态系统遭到了毁灭性打击，引发了民众对该地区生存与发展的严重忧虑。

我们生活的地球用生物的关系平衡自然的发展，教育则用人与人之间的关系平衡社会的发展。

2008 年，成杰本着"帮助人，影响人，成就人"的利众之心，秉持企业培训的初心，以捐建 101 所希望小学为梦想，创立了巨海。时至今日，巨海在全国开设了 100 多家分公司（子公司、联营公司），并已经成功捐建 18 所希望小学。许多人因企业培训于混沌中觉醒，也有许多企业参与到捐建希望小学的大爱中来。

所以，与其说成杰创立了一家企业，不如说他用一个伟大的梦想建立了一条向上向善、博爱利众的生态链。所有的顾客、员工、合作

伙伴都是生态链上的一环。他们不像自然界的生态链，通过最原始的生存欲望去撷取、去捕获、去占有，而是站在共生、共享、共赢的舞台上，一起守护一切美好、善良、积极的梦想。

02

提起梦想，巨海杭州分公司总监罗兴友回想起自己8岁时的情景。当时他和外婆一起在田里耕种。看着汗流满面的外婆，他对她说："等我以后当了老板，接您去城里看一看！"

罗兴友出生在贵州清镇一个偏远的山村，家中世代务农。当地资源匮乏，经济落后，交通不便，老师告诉孩子们，出人头地的唯一方法，便是考上大学，走出家乡。

罗兴友还想起高二那一年，揣着满满的自信向全班师生分享："我梦想有一天，可以成为国家主席。"同学们哄堂大笑，笑声几乎掀翻了教室的屋顶，久久回荡在乡村的校园里。罗兴友没有笑，也没有丝毫难堪。那些年，他的家乡从未出过一名大学生，成绩一向优异的他默默对自己说："且看我走出大山，再展青云之志。"

第二年，罗兴友没有考上心仪的中国人民大学，内心沉重、万般沮丧的他回到家中，除了做些农活，整整一个月没有和家人交流。直到一个月后，父亲问他接下来想怎么办，罗兴友憋了许久的眼泪终于唰地一下流出来。

18岁的他第一次站在了人生路口，不知如何是好。就这样放弃自己的大学梦吗？罗兴友真的不甘心。于是，他找到了高三时的班主任咨询复读事宜。结果，班主任告诉他，复读可以免除学费。不肯认输的罗兴友一听大喜，毫不犹豫地进入了复读班。一年之后，罗兴友成了村里第一位大学生。

在杭州读大学期间，罗兴友用满腔的赤诚持续精进，不断保持着对梦想的探索之心。罗兴友学的是人力资源专业，他的规划却是毕业后从销售做起。至于原因，则很现实。为了供他上大学，父母常年省吃俭用，弟弟辍学，家中还欠了一笔助学贷款，做销售可以让自己比同龄人早点儿挣到更多的钱。同时，他相信销售这份工作，可以突破自己的认知，建立自己的人脉，为自己提供成长与沉淀的平台。

大学毕业前夕，罗兴友的一位同学在找工作的过程中接触到了巨海，觉得特别适合罗兴友，就向他分享了巨海的文化。面试当天，巨海的文化、成杰的经历、捐建101所希望小学的梦想，都深深地打动了罗兴友。他相信，巨海将会带他走上实现梦想的正确之路。

2014年3月1日，罗兴友入职巨海，从基层销售做起。是的，工作中难免会遭遇拒绝，但罗兴友从未觉得受挫。当一个人心怀梦想，他便无所畏惧；当一个人肩负使命，他便自信自强。

是的，从罗兴友踏入巨海的第一天起，除了拥有个人成长与成功的梦想，他还肩负起了巨海的使命。巨海"帮助人，影响人，服务人"的信念，让他对自己的成功和巨海的发展坚信不疑。

开始卖不了价格高的课程，为了训练自己的成交能力，罗兴友就想方设法卖书。有一天，下班时已经是晚上八九点钟，罗兴友回到了自己租住的小区，想把没卖完的《80后演说少帅成杰》卖给平时常常光顾的小卖部。结果，他做了半天工作，也没有成交。时间已经是晚上10点，筋疲力尽的他没有放弃，而是进了附近一家还没关门的美甲店。最后，美甲店老板买了一本，罗兴友又送了她一本，这才心满意足地回了家。

刚进巨海的罗兴友也吃过苦头：买完过年回家的火车票已经身无分文，无法面对对自己期望很深的父母；没有按时完成公司规定的 KPI，需要在每天上班后帮助清洁阿姨打扫卫生；没有达成年度目标……

罗兴友就像一匹倔强的野马，朝着梦想一路狂奔。他曾经跟一位摇摆不定、准备离职的同事聊天。对方问他："你是如何坚持自己的梦想的？"他回答："我一早就告诉自己，要成为一个什么样的人，要确定属于自己的目标。无论在什么环境下，无论我换了多少领导，都无法改变。"同事又问："那你的目标是什么？"罗兴友回答："两三年之后，我一定会成为当下这个平台上最优秀的人。"

是的，3年之后，罗兴友的业绩出现了持续井喷。到2018年，连续7个月，他都保持着销售冠军的荣誉。如自己所想、所愿，罗兴友成了巨海杭州分公司最优秀的销售骨干，也成了巨海的榜样人物。

03

成杰说，要让巨海成为一家伟大的公司，首先要把巨海做成一家让顾客放心的公司。他常常会想起巨海创业之初，在最艰难的时候，顾客将最大的信任交付给巨海时，自己用心许下的诺言：用内心之火和希望之光，去照耀亿万企业家的生命。

14年来，巨海与顾客的关系，是泥与火，在冶炼中彼此塑造，彼此成就；是山与水，彼此依偎，彼此映照；更是江与海，彼此交汇，彼此供养。巨海把对顾客的感恩倾注到反复打磨、不断升级的课程与服务中，让顾客的每一份付出都能获得加倍的能量。

2014年底，罗兴友成交了山东一家叫淑姿国际的企业。这家企业在学习之后举办的第一场招商会，业绩就突破了1200万元。此后，在巨海的陪伴下，该企业一路从200人的团队、一年四五千万元的业绩，成长到如今1000人的团队、一年六七亿元的产值。

从成交的 2014 年底到如今，淑姿国际的高管团队都坚持在巨海学习。罗兴友相信，为企业提供从企业文化到营销的全方位服务，让企业变得更加强大，让顾客价值得到真正的体现，才是企业培训的深刻意义。

就如同成杰告诉所有同人的那样，我们要站在培训以外看培训。是的，这么多年来，巨海的价值已经远远超越了一家企业培训机构的价值。它是一个巨大的能量池，让置身其中的人被挖掘出巨大的潜能；它也是一个充满无限可能的造梦空间，助人去寻找梦想的源头，助人攀登至梦想的顶峰。

如今，罗兴友作为巨海杭州分公司的副总经理，每年收入近两百万元。他在杭州成家、购车、购房，让习惯生活在农村老家的父母不再担心自己衣食无着。为了感恩当年辍学资助自己上大学的弟弟，他给弟弟买了一辆汽车。他曾对外婆许下带她进城的诺言，也因巨海这个平台实现了。巨海为名列公司业绩前五名的罗兴友提供了巨海幸福基金，罗兴友让从未踏出过乡村半步的外婆，登上了万里长城，去了天安门，参观了毛主席纪念堂……

这些与亲人有关的梦想，像云朵一样，描绘出生命丰盈美好的蓝图。还有一些梦想，随着罗兴友服务企业，与巨海共同成长，逐渐变得清晰而坚定。

他常常想起稻盛和夫说自己在 52 岁时创办 KDDI，就是为了验证自己的经营哲学——动机至善。而罗兴友在与巨海共同成长的过程中又拥有了一个梦想：成为一名企业家。他相信，在服务企业的同时，自己也将不断学习到更多企业管理的经验与知识。当自己真正成为一名企业家的时候，巨海的企业文化、成杰的经营哲学会再一次得到验证。

罗兴友愿与巨海事业同呼吸，共命运，协助成杰及所有巨海人，将捐建 101 所希望小学的梦想的种子持续播种，看其生根发芽，长成参天大树，覆盖到那些荒芜的土地上。

　　生命用强大的自我修复能力让大自然的生态链重获生机，巨海的生态链也将一直用伟大的梦想和培训的初心，去唤醒、催生、激发更多渴望觉醒的生命。

境：梦想于独处中绽放

01

2020年2月初，一名新冠肺炎患者因为一张在武汉方舱医院病床上看书的照片，上了微博热搜。这名戴着口罩的男子半躺在病床上，手里捧着一本厚厚的书在读。他读书时的专注和平静，和身后刚刚临时改造的方舱医院的空旷，以及如临大敌的医护人员，形成了鲜明的对比。

你看不到他的容貌，但你知道他有一双明澈的眼睛；你猜不到他的职业与处境，但你相信他无论何时何地，都是如此从容而笃定。读书让人高尚，哪怕你身处泥泞与孤独之中。

如今成为巨海舵手的成杰，回想起自己当年的嗜书如命，何尝不像那名住进方舱医院的男子一样，只要一书在手，便忘了身外的世界。

他在家乡昏暗的灯光下读书，让质朴的农村少年拥有了高贵的灵魂；他在工厂拥挤喧闹的宿舍里读书，在工友的嘲弄中依然保持对学习纯粹的热爱；他在简陋的棚屋里读书，渐渐忘了夏天灼肤的炎热、冬天刺骨的寒冷。但是，在独处时分的学习与阅读中，他的内心却渐渐丰满，长出梦想的羽翼。

从2003年进入教育培训行业之后，成杰就像驶入了一条快车道，他的每一分钟都被工作与学习填满。2020年农历春节，当整个中国被按下暂停键时，在家中进行自我隔离的成杰并没有闲着。思想的变革永远不会因空间的拘束而停止，伟大的梦想往往会在独处中生根发芽。

一直以来，成杰都希望巨海能够加大互联网版块的建设，把巨海课程的重心向线上转移，但是因为线下课程一直火爆，忙忙碌碌中，这个计划就被拖延下来。新冠肺炎疫情暴发，许多人都在焦虑企业的生存问题，而成杰从容如昔。

他明白巨海的顾客是怎样的群体，明白他们对学习与成长的迫切，绝不会因突发意外而阻断。成杰相信，无论传播载体如何变化，内容为王的真理永远不会变化，适时开发线上优秀课程，是对真正懂得巨海的顾客最好的感恩。

在家调整了两天之后，成杰迅速对自己的时间进行了有效的规划，并迅速投入到线上课程开发、小视频拍摄、内容推广当中。周末两天，他每天都安排了备课与直播课程。而所有应急的反应与迅速调整的思路，都来自成杰作为一名企业经营者的领袖思维：哪怕业务流水一样地涌来，也要永远居安思危、持续精进。

牛刀小试，初战告捷。前两期"为爱成交"直播课圆满落幕，共计上万人报名。成杰也亲自解读了他的专著《日精进》。他不仅对其进行了多天的公益直播，还将其拍成了108堂微课，并让巨海的讲师、顾客、合伙人都有机会从日日精进的层面，分享自己的梦想。

不能日日精进的人，就是在背叛自己的梦想；不断超越自己的人，就是在呵护自己的梦想。也许追逐梦想的路上注定孤独，但是登上演讲台那一刻，人们会欣然一笑，只有享受过孤独，才有资格欣赏到生命极致的绽放。

02

19年来，成杰向着捐建101所希望小学的梦想不断进发。除了让巨海产品不断升级、衍生，还不断在行业中摸索更科学、更现代的发展理念，他行走在企业培训这条道路上，心无杂念。

因为自己就是受益者，成杰对这个行业创造的价值深信不疑。在他的理想国中，人们没有善恶之分，利他成为一种生活习惯与社会责任。培训除了激发人们的想象力与创造力，还可以塑造一个人的世界观与使命感，让其闪耀出人性的光辉。

2019年末，成杰又到了位于西昌的巨海希望小学。他明白，比起物质的匮乏，这里的孩子们更缺少的是爱与陪伴，以及梦想的启蒙。如今，巨海为希望小学和山区学校都建起了图书角，让孩子们可以在书海中瞭望浩瀚星空，在文字里触摸梦想的轮廓。同时，成杰每次去时尽量抽出时间进行演讲，分享自己的奋斗经历与追梦人生，也引导孩子们去思考自己的梦想是什么。

有个孩子说自己的梦想是当歌唱家，成杰就联系了《生命智慧》歌曲的创作者彝人制造，给她寄去了一张签名光碟；有个孩子说想去北京，成杰便承诺，如果期末考试他考到前三名，就帮他实现去北京的心愿……

成杰不是神仙，没有点石成金的能力，梦想也从来不能坐享其成。他能做的，就是把人们引上梦想的轨道，然后放手，让他们独立去探索这个美好神秘的世界。而这世上大多数人都在日复一日的生存里渐渐苍白与麻木，远离了曾经的梦想，他们因缺乏智慧的引领而茫然四顾。

如何才能去实现看似遥不可及的梦想？成杰用自己的奋斗轨迹给

出了答案。

第一，拥有企图心。

"我想""我要""我愿意"，当这些词语在脑海闪现，你要牢牢地抓住，然后去追逐这些被你视为奢望的可能性。就像当年成杰无意中在邛海边看到那辆奔驰车，让他将空洞的梦想具象为成功的符号，让他有了奋斗的初心。

第二，寻找勇气。

身陷人生至暗时刻，要勇敢地寻找光明；出身贫寒，要勇敢地寻找破土而出的机遇。没有学历，没有背景，没有资源，仅仅凭着对美好生活的激情与无惧无畏的勇气，成杰走出了大凉山，只身寻梦，年仅 26 岁就创立了巨海。

第三，挖掘潜能。

当年从家乡出来连普通话也说不好的成杰因为梦想站在了舞台上，因为梦想创立了巨海。当你拥有梦想时，你就被宇宙赋予了一种潜能。与其说实现梦想，不如说挖掘潜能。

第四，享受孤独。

"十年寒窗无人问"，是学习者的孤独；曲高和寡，鹤立鸡群，是理想主义者的孤独；不断攀爬，登高望远，是自律者的孤独；研习智慧，一心求道，则是修行者的孤独。只要选择了梦想，你就选择了孤独，选择了一种与众不同的人生。

第五，做好当下。

就像巨海在新冠肺炎疫情发生，不叹息、不指责、不抱怨，将足够的能量与智慧投入到线上课程，为顾客提供更便捷的平台一样，只要你时时保持最好的状态，做好当下的事情，就会有股力量牵引你到达梦想的彼岸。

03

2020年，巨海进入新的十年历程。对于未来，成杰壮志满怀，信心百倍。如果说过去的他在追逐梦想时全凭着一腔热情与倔强，那么经历了10年成长与发展，巨海的资本与资源完全撑得起未来更宏伟的蓝图。

成杰一直说，巨海的终极目标，是要成为一家伟大企业，成为百年品牌。支撑百年企业，需要卓越的领导、不断革新的精神，以及持久坚韧的梦想。

新的十年，巨海要成为一家百亿级的企业，并且重点打造互联网版块。新的十年，巨海将实现培养1000万线上用户的目标，其商业价值不可估量。互联网版块整合培训端口与电商端口，为巨海的顾客实现培训、文创一体化服务。

同时，倾力打造巨海智慧书院的核心产品，为广大顾客提供商业资源的链接与整合，最大程度上实现顾客价值，让巨海文化得以衍生，让生命智慧得以传承。

至于希望小学，成杰初心不变，希望2021年实现捐建20所希望小学的计划。

宇宙中有一种力量，让万物生长、进化、发展，只有遵循宇宙的规律，拥有对美好生活的向往，才是生命最健康的秩序。所有伟大的梦想，都是基于利他之心。成杰相信，拥有伟大梦想的巨海会成为一家伟大的公司。

追寻梦想的道路一定是孤独且艰难的，但梦想绽放的那一刻，收获的不仅仅是鲜花与掌声，更是生命的圆满与内心的丰盛。时至今日，巨海有实力，也有意愿，为更多企业与创业者提供一个孵化梦想的空间。巨海成就顾客的心100年不会改变。

04
生命的强大在于历经苦难

静：苦难是人生的导师

01

当今时代，大多数孩子的童年都是彩色的。冰淇淋、游乐场、乐高玩具、艺术课程……充满了他们的生活。尚且年幼的他们很难想象，这世上会有一种灰色的童年。

在成杰的老家四川大凉山，几乎每一个婴儿的诞生，都会让他所在的家庭又喜又忧：喜的是孩子的降生为生命传承、家族延续带来了希望，忧的是孩子的来临会让本已经不堪重负的家庭又多了一份压力。

成杰从记事起，看到的便是家徒四壁的土坯房，贫瘠的土地，父亲紧锁的眉头和母亲常年的叹息。而疾病似乎总是与贫穷做伴。6岁时，顽皮的成杰被家里的小牛狠狠地从背上甩下来，从此有了头痛的毛病。每次头痛一发作，他便要承受很大的痛苦。病痛的无助也让成杰有了长大的强烈愿望。

被父亲背着走上几十里山路去县城求医的艰辛，在医院满头都被扎满银针的痛苦，父亲为了给成杰治病求医四处借钱的窘迫，让小小的成杰告诉自己一定要强大起来。这也让他跑步、习武、强健身体，为之后的奋斗打下基础。

贫穷本身不是痛苦，痛苦的是被贫穷牢牢束缚在狭小的空间，是无力脱身的压抑，是无法抬头挺胸的卑微。

小学二年级时，学校组织集体活动，需要购买统一的运动服。成杰明白家里的情况，迟迟不肯找父母要这 20 元钱。老师三番五次催问，最后成杰硬着头皮跟父母要了钱，和姐姐去店里买了一套运动服。可运动服只剩下最后一套，比成杰所穿的尺码还要小一码，以至于裤子短了一大截。记忆里，贫穷就像那条短了一截的运动裤，让一个仅仅10 岁的孩子变得自卑、局促。

幼小的成杰少言寡语，但内心波澜起伏。如果命运给了自己苦难，还不断地嘲弄自己，除了否定它、藐视它，还要想办法去战胜它。

收购村里野菌到县城售卖，饲养小鸡、小鸭，去田里兜售冰棍，凡是能挣钱的方法，成杰都尝试了一遍。这些收入就像夏天零星飘落的雨点，落在干涸的田地里，瞬间被吸干，并没有如预想的那样改变家中的窘境。但成杰在不断的摸索与学习中找到了苦难的价值：苦难可以让我们坚强，让我们打破命运的设定，让我们不断拥有革新与创造的能力。

17 岁，成杰放弃了继续升学的机会回乡务农，每日在田间劳作，闲时一书在手。

看似屈服于命运，只有成杰自己心里清楚，接下来的人生，他是要搅动江海，遨游新天地的。

鲁希叶·阿巴尼在《生活之良方》写道："我们必须承认伟大在被迫中产生，钻石在熔岩中形成，人类最美的灵魂之花常常是由泪水浇灌的。我们不能从生命的伤心之处逃离，不管它们多么锐利，我们都必须去经历。"成杰就是那个勇于经历的人。

02

回乡的成杰整天想着如何赚钱，如何改变命运，内心沉甸甸的都是梦想。但在父母眼里，早日娶妻生子才是正经事。两代人观念的差异和少年郁郁不得志的情绪，让成杰更加沉默寡言，也更加关注外面的世界。

一则自制洗衣粉的广告，像乌云密布的天空漏下的一丝光亮，让成杰看到了些许希望。他鼓起勇气找父亲借钱，但遭到拒绝。在一向埋头苦干的父亲眼里，种地可以等待收成，砌土可以修起房屋，但投资做生意这种事，有赚有赔。最关键的是，自己这个家经不起折腾。

可父亲低估了成杰的倔强。父亲不同意，他就找外公、小姑借钱，凑齐了5000元，去学习自制洗衣粉的技术。但商业远远比想象中更复杂、更残酷，成杰辛辛苦苦生产的洗衣粉根本卖不出去，这使得他前前后后加起来亏了近万元。

父亲再宽容豁达，也被这近万元的负债吓了一大跳，他让儿子不要再胡思乱想，还是踏踏实实地过日子。本就在创业中受挫的成杰愈发郁郁寡欢，常常把自己关在阁楼上，沉浸于书海与信马由缰的思绪当中。

有一天傍晚，成杰又因为读书与父亲发生了不愉快，反锁了门，一个人在漆黑的屋子里坐了良久。所有关于饥饿的回忆涌上来，尖锐地刺痛了他。这饥饿不仅仅是对食物的渴望，还有对读书的渴望，对上学的渴望，对未来的渴望。这种饥饿感就像把他锁进没开灯的房间，让他窒息、恐惧，试图逃离却又不断陷入阴影。

灰心丧气的成杰大醉了一场。父亲来看他时,醉得不成样子的成杰第一次对着父亲大声嚷嚷:"我要成功!"很快,他就沉沉睡去。这一觉睡到第二天中午12点才醒来。头重脚轻的成杰看着世界依然如故,土地依然贫瘠,债务依然缠身,未来依然迷茫。

那一天成杰意识到,苦难就是屋子里那顶像渔网一样的蚊帐,装睡和醉酒都无法逃脱它的包裹,只有穿过它,扯破它,才能获得命运的逆转。

03

古罗马哲学家认为逆境启迪智慧,佛教把对苦难的认识看作觉悟的起点,成杰则相信苦难是人生的商学院。

一个人会在自己的苦难中学会坚强,在他人的苦难中习得智慧。在成杰的童年记忆里,父亲忠厚勤劳,宽容伟岸,像大凉山永远湛蓝的天空;母亲温和内敛,纯朴踏实,就像大凉山并不肥沃却无怨无悔滋养生命的土地。他们用有限的资源竭尽全力撑起了一个家庭,他们是成杰心目中最早的战士,他们赋予了他永不服输的血脉与根基。

丘吉尔在自传中写道:"受苦是财富,还是屈辱?当你战胜了苦难,它就是你的财富;当苦难战胜你时,它就是你的屈辱。"

多年以后,成杰回头望着故乡的方向,无比感激苦难的赐予,以及在这些苦难中凝结的智慧结晶。他为在挫折与苦难面前踌躇的人们分享了自己穿越岁月沉疴之后的生命体验。

第一,永不服输。

克服困难,首先要战胜内心的胆怯与懦弱。苦难是一种机遇,它让你发现,自己其实拥有不可思议的潜能与力量,去打败所有"取经"路上的妖魔鬼怪。相信"相信"的力量,它是宇宙天地间神秘而不可质疑的精神宝藏。

第二，学会独处。

有时候，孤独是一种稀有的人格魅力。孤独让人宁静，让人反思，让人不随大流，坚持自我。成功的人往往都有一段孤独的过往，享受独处，并在孤独中去思考未来。

第三，拥有梦想。

梦想让人不甘平凡，从此拥有改变命运的决心与力量；梦想让人长出翅膀，穿越千山万水，到达比人预想中更遥远的地方；梦想让人不畏艰难，把吃苦当作福气，把挫折当作考验。

第四，树立榜样。

父母是成杰身边的榜样，李小龙等是故事中的榜样，而未来的奋斗人生中，成杰又认识了如彭清一教授、李燕杰教授那样的榜样。他们都赋予了成杰前进的动力与能量。人类的使命，就是不断学习，又不断超越。

第五，收获温暖。

在战胜苦难之前，你必将处于寒冷、孤独与黑暗之中。但你永远不会绝望，人性的光辉终将如暗夜的星辰，温暖并鼓励你前行。

2020年，成杰将常常挂在嘴边的大哥李显耀邀请到巨海工作。两个在绵阳照耀与温暖过彼此的人再次携手。对于成杰而言，情谊和成功一样，都是战胜苦难之后获得的礼物。

如今，再回大凉山，青山依旧，蓝天如昔，但成杰早已不再是那个内心左突右奔，试图冲破樊笼的乡村少年。他在苦难的推动下，寻找到人生梦想、生命价值，并且一笔一画地写下：生命的强大在于历经苦难。

境：不破不立，逆境重生

01

从古至今，但凡创下伟大成就的人，哪一个不曾历经苦难？

儒家创始人孔子，思想和学术成就冠绝整个中国历史，提倡仁爱、礼制、有教无类，为中华文明在黑暗中点亮一盏明灯。但还原他的经历，怀才不遇、落魄流离、惶惶度日才是他主要的人生脉络。孔子也曾自嘲，哪有什么"天纵之圣"。

道家创始人老子，同样思想和学术成就斐然，关爱天下苍生。他曾在《道德经》第78章写下这样的文字："受国之垢，是谓社稷主。受国不祥，是为天下王。"这样的成就却是在他坎坷的一生取得的。

2008年，成杰已经是聚成公司的金牌讲师。他享受着在镁光灯下激情绽放的时刻，沉浸在海浪般涌来的掌声里。年薪上百万，时间可以自由支配，所有的惬意与美好仿佛都是在向他所经历的苦难致敬。

这就是自己想要的吗？一场地震让成杰突然意识到，自己应该拥有比成功和财富更强烈的梦想,那就是心怀众生、肩负使命。怎样做才能实现这一梦想呢?经过一番思考之后,成杰决定放下已经取得的成就,开始创业。

创业是人生的修行,因为修行是苦;创业是放下,放下既有的成就与名利,放下所有的经验与习惯;创业是超越,人生就是一座座山峰,高低有序,风景不同;创业是孤独,创业如饮水,人情淡泊,冷暖自知。

如果说童年和奋斗时期的苦难就像酷暑的烈日、寒冬的冰雪,在创业之初,成杰就已经预料到,他将投身于熊熊燃烧的熔炉之中,忍受烈火焚心之痛。每一个创业者,无论成功或失败,都是自己的英雄。怀揣成就他人、服务社会这种利他精神的创业者,更是时代的英雄。

创业是对成杰的又一次革新与挑战。过去的他,开发课程系统,跟进演讲技巧,推动现场成交,已经掌握了远超一名培训导师的技能。创业伊始,公司架构搭建、人员招聘、团队培训、业务开拓、顾客邀请、会务落地,事无巨细,他都亲力亲为。虽然要面对前期资金压力,但成杰与创业伙伴的综合技能与管理水平也不断提升。

成杰用最快速度完成了频道的切换。回过头来,总结那段创业时光,对于创业者,他有如下分享。

第一,急当务之急。

创业之初,事情千头万绪,创业者需要先把当下最重要的事情解决好。

第二,先活下来,再讲其他。

创业者即便心怀伟大理想,也要快速变现。让企业活下来,比仅仅给员工画饼更重要。

第三,学会分享。

创业者的大智慧,就是将团队利益放在个人利益之上。

02

2008年爆发了全球性金融危机，很多企业选择了自保，成杰却迎难而上，给企业提供了逆境生存时颇具科学性与实用性的课程。同时，他也意识到：创业是一种精神，需要坚持向上，百战不殆。创业也需评估风险，不冲动，不冒进，需要做好十年规划，为企业发展打下坚实的基础。

正如任正非所言，最长的路往往才是最短的路，企业家要有过冬的准备，而巨海在蓬勃发展的同时，最注重的恰恰也是企业发展中的预见性。

巨海的发展史，也是成杰勇于对自己的运营模式、课程体系、团队构成等大刀阔斧的改革史。在业界，一套课程讲十年，一个方法管一生，于很多培训师而言是一种常态。但是，成杰明白，时代在进步，顾客的产品与需求都在发生变化，如果不及时跟进、调整、优化，巨海在中国企业风起云涌的变幻中就会如流星一般很快失去踪迹。

成杰在企业发展中做出了许多立足当下、放眼未来的决策，主要包括以下几项。

第一，进行课程升级。

巨海并不敝帚自珍，局限于自己的认知，而是联合国内知名大师，研发出一系列深受顾客欢迎的经典课程，如"演讲智慧·终极班""打造商界特种部队"等，并将爆品课"一语定乾坤"升级为"商业真经"。

第二，与世界级大师合作。

从2012年成杰与"世界上最伟大的推销员"乔·吉拉德同台演讲起，巨海就开启了与世界级大师合作的商业模式，并为顾客提供了更广域的认知空间。

第三，坚持知行合一。

从 2014 年起，巨海智慧书院就将巨海的课堂引向室外，让学员在行走中寻找生命智慧的光芒，也让学员链接到更多商业资源。

第四，启动合伙人模式。

截至目前，巨海通过合伙人模式在全国落地了 100 多家分公司（子公司、联营公司），通过大中型城市辐射三四线小城市，最大限度地开拓了中国的教育培训市场。让一个人的梦想变成一群人的梦想，捐建 101 所希望小学的目标便不是天方夜谭。

第五，进军文创。

过去，巨海专注于企业培训，也会销售相关书籍与教材。随着与巨海合作的企业越来越多，成杰和巨海团队不再局限于单一的合作方式，而是选择以生命智慧作为文化脉络，贯穿起一些优秀的文创产品，通过巨海庞大的顾客端进行线上、线下的销售，从而更好地成就顾客与自身品牌。

成杰常常说，改革与创新就像修建一幢新的大楼，面对烦琐的工作、不可预知的结果，总让有房可住的你一拖再拖。当你痛下决心，一砖一瓦、一笔一画地完成你最初的设计，回过头来，那些流过的汗、流过的泪，甚至流过的血，不过是过眼烟云。只有火热的初心、坚定的梦想，才会在历史画卷中留下被一代又一代人触摸的匠心之作。

03

自从 2020 年农历春节以来，全世界都受到了新冠肺炎疫情的影响，原有的商业形态也被打破，直播带货这种新型的销售形式大热。参与进来的不仅仅有网红主播，更有许多企业的高管，如银泰商业 CEO 陈晓东、七匹狼时任总经理李淑君、上海苏宁易购总经理徐海澜、红蜻蜓董事长钱金波……成杰也迅速做出决定，开设线上直播课程，为巨海的顾客提供持续学习、交流的平台。

2月15日，巨海推出成杰主讲的免费直播课程"演说家是如何练成的"；2月19日，推出第一期"为爱成交"；2月23日到28日，成杰在线上开设为期6天的"商业真经·学用营"；3月1日到9日，每晚在抖音直播间分享《日精进》；3月10日到12日，推出第二期"为爱成交"……直播效果不逊于任何一次线下课程。

成杰相信，对巨海的顾客而言，这只是学习方式与学习环境的改变。倒是一向严肃、严谨的成杰，为了适应直播这种自由、随意、通俗的风格，付出了大量的心血，进行了转型。幸运的是，大家也很喜欢这个幽默风趣的"杰哥"。

起初，成杰也有些不适应，但是他明白，改革的决策和执行，往往只能从企业经营者自身做起。成杰从来不担心自己的思维跟不上形势的变化，他一直坚信日新月异、不进则退的生存法则。他担心的是一些老员工，他们习惯了传统的线下课程，习惯了顺境中的躺赢模式，让他们在逆境中另辟蹊径，是一件很难的事情。

天色已变，飓风将至。那些在好天气里习惯了漫步的人，倘若还是不肯奔跑，就会遇到时代暴风雨的迎头痛击。成杰常常向团队分享这样的观点：打通思维，改变行为；打破边界，重塑未来。

只有改变，才能重生。在成杰看来，接下来的巨海，面临着巨大的自我革新与蜕变。在这场突如其来的商业变革中，无数裸泳的人现身、出局，也有无数持续生长的人用生命智慧观照与提醒自己：不被短期利益蒙蔽，不被羊群效应裹挟。他们直面痛苦，勇于牺牲。他们明白：没有痛苦，就没有强大；没有牺牲，就没有重生。

05
生命的喜悦
在于传道分享

静：世界属于独立思考并乐于分享的人

01

2005年8月，离开绵阳之前，成杰接到一个电话。电话那头，一个叫蒋晓军的人说："兄弟，今晚我给你饯行。"多年过去了，成杰想起这一声"饯行"，心里还是会升起一股暖意。

2003年，成杰刚进入绵阳的培训公司做销售，与商人蒋晓军邂逅。第一次见面，蒋晓军看到这个衣着朴素的少年星星般的双眸和无所畏惧的神情，不由得回想起自己纯粹而勇敢的少年时代。他曾以为，成杰与满大街的年轻销售人员没有什么不同，初出茅庐，生活潦倒，可能会为一点儿机会死磕到底，也可能会为一次拒绝而销声匿迹。

当时年仅21岁的成杰却是不一样的。彼时蒋晓军生意顺遂，是颇受业内人尊敬的前辈，但成杰在他面前不卑不亢，谦和有礼，每周六都会准时向他发出智慧分享和问候短信。渐渐地，蒋晓军对成杰产生了好感与信赖。

尽管彼此间有了真诚的交流，不过蒋晓军并没有成为成杰的顾客，却成了他最好的听众。周末的时候，两人常常一起喝茶。每逢此时，蒋晓军会一边喝茶，一边带着欣赏的微笑安静地听成杰练习演讲，偶尔提些中肯的建议。蒋晓军也会将自己在商场经历的种种与成杰分享，让他预知人情冷暖。

对成杰而言，蒋晓军是忘年知己，也是他生命中的贵人。在成杰人生的最低谷时，蒋晓军却能以平等的姿态与成杰相处。蒋晓军倾听成杰的演讲，也发表独到的见解；成杰悉心学习，也获得人生智慧。在与蒋晓军的相处中，成杰感受到了被认同、被尊重、被信任、被支持。

哪怕如今的成杰已经非常成功，一堂公开课常常会有几千名学员，他还牢牢记得当年对着蒋晓军一个人演讲的情景，记得当时满溢的快乐与感激。

如果说成杰向蒋晓军分享的是学习的体验，那么蒋晓军向成杰分享的则是家的温度。彼时蒋晓军常常带成杰回家吃饭。习惯了常年租一间斗室、一碗白饭就一个蒸蛋果腹的成杰，每每走进蒋晓军家里，坐在摆着热气腾腾饭菜的饭桌前，常常眼睛湿润。

萧伯纳说："如果你有一个苹果，我有一个苹果，彼此交换，我们每个人仍然只有一个苹果；如果你有一种思想，我有一种思想，彼此交换，我们每个人就有了两种思想。"而成杰正是分享思想的重度践行者。

当大多数年轻人还在肆意抛洒青春、背弃理想时，成杰没有在城市的浮躁与喧嚣里迷失，而是忠诚于自己的选择，怀揣成为一名演说家的梦想，用自己的独立思考去选择值得学习的榜样、值得分享的朋友，并向拥有高能量的人"化缘"。毋庸置疑，他的选择是正确的。

成杰带着这份因分享产生的喜悦，因分享而建立的深厚友情，挺直脊背走出奋斗过的绵阳,走向南京、上海,走向一个又一个更大的舞台。

02

多年后,成杰以自己的切身经历为例,总结出乐于传道分享者的几个特点。

第一,善于独立思考。

2003年末,因为绵阳市场行情惨淡,成杰服务的培训公司黯然关门。大多数员工选择离开教育培训行业,另谋他途,但成杰始终记得自己那被一场演讲激发的梦想。为了不让成为一名演说家的梦想半路夭折,成杰选择了坚守,并做了充分的准备。几经周折之后,他在另一家培训公司成功入职。

不过,坚守教育培训行业只是实现梦想的前提,如何做才能让自己梦想成真呢?经过一番摸索之后,成杰找到了实现梦想的秘密武器——独立思考。

因为常年大量的阅读,独立思考,再加上独立的生命探索,成杰渐渐拥有了自己独特的思想体系,并为顾客提供了独到的教程。因为独立思考,在"拿来主义"盛行的教育培训行业,巨海拥有了独树一帜的品牌与过硬的产品体系。独立思考让成杰和巨海在教育培训行业扎下了根。

第二,为人慷慨热情。

巨海创立之前,成杰曾受邀去新疆演讲。主办方提供的报酬并不算高,一堂课下来不过5000元。但成杰感动于活动工作人员细致周到的安排,每次课后,都会拿出1000元请所有工作人员一起聚餐。

在成杰看来,将自己的报酬与他人分享并不吃亏。就像用全力以赴的演讲来感恩每一位顾客一样，他用一顿饭来感恩活动合作团队的协作，会在无形中为下次课程打下更好的服务基础。

这只是成杰为人慷慨热情的一个缩影，他的慷慨热情是无微不至的。比如，每次去一些特别的地方，他都会为家人、同事、朋友带上纪念品；每当员工或者合伙人有了突出的业绩，他会为他们购买品牌汽车作为奖励；每当读到好书，他会一口气买上十几本送给大家……

成杰总是迫不及待地将美好的事物、思想、智慧与他人分享，不求回报，这使得他不断被命运眷顾。

第三，做事无私公正。

小时候，成杰曾经见过父亲带着一群徒弟修土屋。在具体操作过程中，价钱父亲谈，重活父亲干，徒弟们只是打打下手，等拿到酬劳的时候，却是大家按照人数平均分。父亲一生勤劳，为人忠厚、公正，重情重义，成杰也在潜移默化中受到了深深的影响。

他创立巨海之后，巨海就一直秉承着共创、共享的原则。创业之初，成杰每个月只拿4000元的基本工资，尽可能让员工生活有基础保障。春节前，他会为员工全额发放工资和奖金，自己只能刷信用卡买机票回家。

后来，巨海引入了城市合伙人机制。此前推荐成交项目，巨海合伙人可以分得30%的佣金。2019年10月，巨海高层开会决定，将佣金提高到50%。分钱分到明处，不让雷锋吃亏，除了让大家更有信心与激情，更让大家看到巨海初心未改，永远不会忘记支持与帮助过自己的人。

第四，心量宽广，满怀喜悦。

分享能让一个人获得能量加持，能让一个人心量宽广，也能让一个人充满喜悦与祥和。

成杰喜欢与人分享捐建101所希望小学的梦想。他不断分享，不断遇到与他有着相似情怀的人。这个起初稚嫩而模糊的梦想，也随着不断分享渐渐成长、壮大，轮廓清晰，触手可及。

有些人热爱演讲，是享受被关注、被追捧、被聆听的自我需求；成杰热爱演讲，是不吐不快，是唤醒他人，是帮助弱小，是影响大家。

如果公众演讲是令人震撼的春雷，那么《日精进》就是成杰用18年深耕教育培训行业的经验和智慧凝聚而成的露珠。它细小而润泽，闪耀而剔透。这样的分享不会咄咄逼人，无须严阵以待。你只需在某个空气清冽的早晨，或者微风拂面的夜晚，翻开它，用那些朴素但精粹的智慧抚慰心灵。那时，你会感到，生命如此喜悦。

03

人们眼中的巨海是一艘巨轮，迎风破浪；是一棵大树，华盖遮天；是一道飞瀑，纵身向前。巨海创立的前12年，从品牌升级、城市合伙人计划到巨海智慧书院游学等项目，其着力点都是向外的。但鲜有人知道，在巨海飞速前进的过程中，有人暗暗地不断向内发力，为巨海夯实浮土、稳固基石，让巨海在时代的风浪中始终不浮不躁、笃定前行。巨海联合创始人、副总裁闫敏就是这样一个向内发力的人。

闫敏出生在安徽农村，她没有像当地的大多数女孩那样早早结婚生子，也从没放弃过对命运的抗争和梦想的追逐。父亲很支持成绩优秀、勤于思考的女儿，借钱也要供她上学。村里人纷纷劝父亲别花这个冤枉钱，父亲却相信，自己可以帮助女儿走上一条和祖辈不一样的人生之路。

多年后，闫敏带着父亲的期待，成为一个与众不同的人。她喜欢朴素的生活，却不安于平淡的人生；她充满激情与斗志，也不忘记对他人的温柔照拂；她不断随巨海开疆拓土，也时时停下脚步，向内观照自我。

成杰认为，培养人才很重要，但光培养人才是不够的，领导者还需建立起一套人才的机制，让所有进入企业的人3个月后自动成长为人才。对管理者的培养，也是如此。

在巨海，女性管理干部占比达57%。女性在职场中拥有独特的特质，她们细腻、柔软、富有韧性，也为企业带来鲜活的气息与温润的力量。她们在销售、服务等领域都拥有较高的水平。随着个人的成长、巨海的发展，她们还需要在团队培训、项目规划、风险评估等诸多方面提高综合管理能力。

早期的巨海主要依靠的是几位创始人，员工们更多的是循着既有的战略方向去执行。现在的巨海，则需要每名员工都具有一定的领导力。身为女性创业者，闫敏更注重女性领导力的成长。凭着十余年来在管理岗位上的实战经验，以及自己在成长过程中摸索出来的成长思路，闫敏相信，女性领导力的成长，首先要学会独立思考。

每位女性都要在独立思考中，首先完成对自我的认知，明白"我是谁""我要去哪里""我要成为一个怎样的人"，然后再将自己现有的能力进行提升与发掘，让一棵树长成森林，让一滴水汇成大海。

进：越分享，越喜悦

01

无论多少年以后，成杰都记得自己第一次站在真正的演讲台上的情景。一场公众演讲点燃了成杰要成为一名演说家的梦想。他宁愿不要工资，也要成为培训公司的一员。凭着对演讲事业的向往、奋斗的决心和踏实肯干的作风，他成了一名业绩出众的销售人员。

受行业形势影响，成杰当初所在的培训公司匆匆关门，但他并没有放弃自己的梦想，哪怕再苦再难，也要坚持下去。成杰知道，作为一个没有平台、没有背景、没有资源、没有资金，年仅22岁的年轻人，要打开市场，并不是一件容易的事情。要实现零的突破，先要提升自己的影响力才行。

于是，成杰开始频繁奔走于绵阳的各所大中院校，提出为学生做公益演讲的倡议。遗憾的是，大多数人对此并不感兴趣，只是出于礼貌翻了翻他精心编写的《迈向成功之路》，然后拒绝了他。

一次次的拒绝与受挫并未让成杰失去信心。他始终相信，成功不是结果，而是一种过程，在追寻成功过程中累积的经验与韧性，也是当下最值得分享的人生智慧与宝贵财富。终于，他用接连四次充满诚意的拜访感动了绵阳创业学院的刘主任，为自己赢得了一次演讲机会。当年轻而瘦削的成杰终于站在学校大礼堂的舞台上，分享完自己的奋斗经历与人生梦想时，300余名学生肃然起立，继而全场爆发出一阵雷鸣般的掌声。

在大凉山的苦难生长，在绵阳的艰难求生，关于演讲事业的梦想起源……如汩汩清泉，浸润了学生们的心田，激荡了他们的灵魂。成杰的分享，让他们看到世界上有一种用精神触摸的财富，它让人熠熠生辉，让人瞬间充满能量。而这种财富，将有助于他们进入未知的社会，打开自己局限的思维，去攀登想要到达的任何顶峰。

那时的成杰也许还不具备创办企业的实力，却已经拥有了企业家的气度与分享的精神。

成杰一战成名，在绵阳开启了数百场公益演讲之路。数百场公益演讲下来，成杰的生活并没有明显改变，但他无比喜悦与兴奋，因为在不断的分享中，他的精力变得更加充沛，灵魂变得更加饱满。通过不断的实战演讲，成杰的演讲技巧日渐精湛。

在收获无数认可与赞美之后，他的自信心也在不断提升，短短数月，整个人都如脱胎换骨一般。

为了扎根教育培训事业，成杰无欲无求，用自己的分享换来了在绵阳崭露头角的机遇，向自己的梦想又迈进了一步。

02

2006年，24岁的成杰已经是聚成分公司的优秀培训师，从绵阳到南京，再到上海，事业如日中天。在上海，他与上海聚成公司的掌门人孙宏文等战友创下了辉煌的业绩，并结下了深厚的友谊。

孙宏文见证过成杰在黄浦江边经过 101 次演讲后突飞猛进的变化，也感受过成杰站在舞台上汗湿衣衫的激情，更分享过成杰因为演讲成就顾客的那份喜悦。在成杰进入聚成公司之前，整个公司如一盘散沙，缺少激情与动力；课程和师资都缺乏影响力，一场研讨会邀请数十人都异常艰难。成杰的到来让这一切变了模样。他的自律、严谨、精进，不但影响了同事、友人，还影响了当时低迷的市场，让它焕发了生机。

在孙宏文看来，成杰这个年轻人的身上充满了能量，眼睛里满是想成功、想崛起的渴望，他也从成杰身上吸取了蓬勃的生命力。他们亦师亦友，更是生命中一段美好时光的共同铸就者。

2008 年 10 月，成杰毅然决定离职创业。在上海这个繁华却压力重重的城市，人们小心翼翼，如履薄冰，但成杰这个刚刚站稳脚跟的年轻人，竟然做出了创业的决定，这让熟悉成杰的人大跌眼镜，几乎所有人都不看好他。

2010 年，孙宏文也离开了聚成公司，创办了自己的培训公司。

2011 年，两人在共同参加一次课程时重逢。孙宏文不禁惊叹，几年未见，成杰更加锋芒卓显，更加圆融睿智了。

2013 年，孙宏文退出了公司的经营管理，开始做一名专职培训师。在孙宏文看来，人到中年，衣食无忧，小富即安，随心随缘做自己擅长的事，就是最好的人生了。可 2015 年成杰发来的一条微信改变了孙宏文的想法。

随后，孙宏文受邀参观了巨海。彼时，巨海已经有了一定程度的发展，办公面积从最初的 160 平方米扩大到 1500 平方米，团队从最初的 5 个人发展到 300 余人，捐建 101 所希望小学的梦想也开始逐步落地，已有多所希望小学建成并投入使用。一向冷静内敛的孙宏文瞬间被点燃。

当年 12 月，孙宏文参加了巨海在苏州举办的"商业真经"课程。面对台下上千听众，成杰举手投足间从容自如，妙语金句频出，整个人散发出耀眼的光芒。这让孙宏文想起了成杰常常分享的一句话——用我成长的速度来震撼我所遇到的每一个人。

在孙宏文对巨海的情况有了充分的了解之后，成杰向孙宏文伸出了橄榄枝。孙宏文犹豫了，但最终还是被打动。不过，打动他的，不是职位，不是高薪，而是当年几乎所有人都怀疑过，如今却都深信不疑的，关于捐建 101 所希望小学的梦想。

回首已经过去的岁月，孙宏文发现，自己在虚度时光。他似乎从未被梦想点燃，也从未被信仰召唤。那一刻，他还在成杰身上，看到一丝熟悉的光亮。

孙宏文的父亲是一名参加过抗美援朝的军人。他传递给孙宏文的教育，是爱国爱民、积极向上，只是当年的孙宏文早早进入了叛逆期，没有来得及从父亲的教诲里领悟生命真正的意义与价值。

此刻，他想起了父亲，也理解了父亲。孙宏文在 45 岁那一年加入了巨海，开始了新的征程。其实，任何事情只要开始，就永远不晚。

03

孙宏文作为内训咨询事业部总经理入职，经过一段时间对市场的梳理，以及对巨海文化的认识，回归专业，成为巨海的首席讲师。

哪怕曾经是成杰的领导，哪怕在业界有厚重的积淀，进入巨海之后，孙宏文也面临过信任危机。他必须尽快做出成绩，才能在新的工作岗位站稳脚跟。

结合自己过去的企业实战经验、卓越的演讲技巧，以及丰富的会销能力，孙宏文研发出"打造冠军团队·总裁班""打造高绩效团队"两门深受顾客喜爱的课程。它们在为巨海创造商业价值的同时，也为企业家赋予了充沛的能量，提供了具有实操性的企业管理方法。

过去，孙宏文对自己的要求就是把课讲完了，工作就结束了。但是，在巨海，他开始真正肩负起一名培训讲师的责任与使命。以目标为导向，最大程度创造顾客价值，成为孙宏文在演讲中的精神指引。

每一次演讲，他都倾尽全力。要想引爆听众，首先要自己燃烧。他不断调整课程，让每一个观点都更加通俗易懂。他也第一次意识到：培训只是学员被动接受，教育才能真正唤醒与影响学员，让他们主动改变与进步。

"投之以木桃，报之以琼瑶。"智慧如泉水不竭，不断分享，也不断涌出。2019年，孙宏文为顾客分享的天数达到了322天。平时，他最开心的事，就是收到顾客报喜的短信。顾客、企业的每一次进步，都让孙宏文如饮甘露。

在"95后""00后"相继进入职场的今天，"60后"的孙宏文并没有落后。巨海最无畏的精神——勇于创新、勇于归零，在他身上体现得淋漓尽致。孙宏文说，真正的智慧是在生命的海洋里沉得下去，也浮得起来。在他看来，要让自己不断成长，就要做好以下几点。

第一，坚持梦想，"剩"者为王。

如果不坚持梦想，实现自己的人生价值，光阴就会虚度。实现梦想如攀登高山，只有坚持到最后，才能看到最美的风景。

第二，热爱自己的事业。

俗话说，热爱是最好的老师。只有像成杰一样真正热爱演讲，才能真正成为一名优秀的演说家；只有真正热爱培训事业，才能成就顾客，成就自己和企业。

第三，正确面对失败。

人世间没有白走的路，失败也是一种积淀，同样可以让人变得愈发强大，愈发智慧。从挫折与失败中崛起的人生，比一帆风顺的人生更加丰盛。

第四，拥有使命感。

每个人来到这个世界上，都有属于自己的使命。拥有使命感的人，才能发挥自己最大的人生价值，实现生命的意义。

第五，"建功立业"。

一名优秀的培训师一定要有丰富的企业管理和实战经验，既要把课讲好，又要让更多的人参与到课程中来。只有这样，培训师才能用优秀的课程服务顾客，实现教育的意义。

第六，日日精进。

年龄和资历都不是阻止我们学习的理由，分享的源头来自永不停息的自我更新与日日精进。

在年复一年、日复一日的分享中，在不断与巨海一起践行捐建101所希望小学梦想的过程中，孙宏文领悟到，传道分享，才是生命中最大的喜悦。越分享，越富有；越分享，越喜悦；越分享，越成功；越分享，越丰盛；越分享，越自在；越分享，越幸福。

净：在分享中找到更好的自己

01

2001年2月16日，成杰带着几件单薄的衣物，怀揣560元现金，操着一口乡音浓郁的西昌话，开始闯荡绵阳。后来，初入社会的那些艰难时光都变成了一幅幅黑白剪影，有在广场上兜售报纸的，有在太阳下安装空调的，还有在流水线上日复一日作业的……也有一些色彩丰富、充满活力的画面，它们如同一场青春的盛宴，让人总是无端地生出喜悦。

彼时成杰在工厂工作之余，会在路边摆地摊卖书。之所以选择卖书，是因为卖书不仅可以补贴生活，还可以满足自己阅读的愿望。

在工厂，每次读到妙语金句，每有智慧心得，成杰总想与人分享，却常常得不到回应，甚至被工友嘲讽。但是，在摆地摊卖书时，成杰可以毫无保留地跟顾客分享书中的精华。时间一长，他开始尝试演讲卖书。

成杰并不是真正的说书人,没有字正腔圆的普通话、得体大方的肢体语言和洒脱自如的面部表情做加持,心中充满了恐惧和惭愧。此前,他从未当着陌生人的面讲话,现在为了生计硬逼着自己从喉咙里挤压出一个个音节,他的家乡口音在宁静的夜里显得愈加刺耳。但是,那些影响深远的演讲又时常在他的脑海中响起……

所有的伟大,都源于一个勇敢的开始。此后,清晨的山坡上,傍晚的河堤旁,成杰将自己的声音嵌满了每一丝岁月的缝隙。渐渐地,他的普通话由生涩笨拙变得醇和圆润,他也习惯了在人前抬头挺胸,自信昂扬。

他就像春天生机勃勃的野草,哪怕没有花开的惊艳、收获的满足,也让旺盛的生命力与火热的青春梦想填满了自己的整个身躯。他的生活充满了喜悦,他瘦削的身体里爆发出强大的力量,他能清晰地感受到自己的每一丝成长。

年少时,成杰一直在黝黑的夜里想象自己会成为怎样的人。但目光所及之处,只在方圆数十里,他看不到未来的自己,也摸不到梦想的轮廓。当他经过一遍遍的练习,站在昏黄但温暖的路灯下,不断将过去20年读过的书、吃过的苦、醒悟的人生,分享给为数不多的顾客时,他第一次开始喜欢自己。内心那个被苦难与贫穷压抑得内向而自卑的孩子,那个不断试错、不断被否定的孩子,从他的回忆里走出,与他渐行渐远。

我们无法选择自己的出生,也无法剥离自己的过去,但我们可以选择的是:质疑命运的强权,超越父辈的成就,寻找生命中更好的自己。

多年后,已经成为知名演说家的成杰在《日精进》里写下这样的文字:"公众演讲可以让你快速成长100倍。"

02

1965年，一个叫白梅的姑娘在宁夏固原出生了。在固原，人们执拗地钟情于一类食物——面食。像生氽面、馓子、羊肉泡馍、荞面油圈、浆水面、荞面饸饹等，就像沙漠里开出的花，滋养与安慰着人们并不算富裕，但是永远在奔走忙碌的生活。

白梅就是从这片倔强的土地上生长起来的率性而坚强的姑娘。1993年，父亲突然病逝，白梅不顾几乎所有人的反对，毅然决定接手父亲留下的面馆，让父亲投入的心血与情感延续下去。做一家最好的面馆，是她彼时最大的梦想。

作为一名女厨师，抡起大勺已是不易，更何况要面对生意场上的种种变动与坎坷。但白梅没有退缩，她咬紧牙关，逐一应对。她不但考取了固原第一个高级厨师资格证，将原有的生意越做越好，还建起了一家专做宴席的餐厅。

2000年，白梅修起了三层的福苑餐厅。2004年，又加盖了3000平方米的餐厅，并增设了KTV。2009年，白梅成立了婚庆公司，她旗下公司的婚宴消费当年占领了固原婚宴消费70%的市场。

就在生意越做越好的同时，白梅的生活却迎来了一系列磨难。亲人意外离世，自己又患上恶疾。生活的不幸让白梅濒临崩溃，但向来倔强、不肯妥协的她，再一次向命运下了战书。下定决心的白梅除了调养身体，还开始走出固原，不断寻找适合自己的学习课程，开启了心灵成长之路。

2011年，因为一本《从优秀到卓越》，白梅第一次了解到巨海，也从书中认识了和自己一样，年纪轻轻就开始闯荡社会、寻找生命价值的成杰。

在巨海成立 3 周年庆典上，白梅怀着考察的心态走进了巨海。但是，接下来的每一次课程，都让白梅不断刷新着自己固有的认知，都给她带来内心世界的巨大触动。白梅开始意识到，在过去的许多年里，她虽然把企业经营得不错，但更多时候是抓住了市场需求，这只是企业经营的初级阶段。诚然，这种做法并不会影响企业赢利，但缺少企业愿景的企业在发展到一定阶段之后，就很难再前进一步，也会让经营者再也感受不到成功的喜悦和内心的充实。

什么是成功的人？就是今天比昨天更有智慧，比昨天更慈悲，比昨天更懂得爱，比昨天更懂得生活的美，比昨天更懂得宽容别人的人。成功的人就是日日精进、向上向善的人。

过去的白梅操一口西北风味的普通话，不会给员工做分享，也不擅长做分享。她习惯了埋头做事，默默向前。可巨海"演说智慧"的课程让她在第一天就手足无措了。

按照课程规划，第一天，每名学员都必须做 1 分钟的自我介绍。而习惯埋头苦干的白梅站在台上，紧张万分，舌头打结，手心捏出了汗，生怕一开口就说错话。成杰鼓励她，敢讲比会讲更重要。

第二天，又有 3 分钟分享时间。这一次，认真学习、悉心准备的白梅开始体验到演讲的魅力。在人们的注视中，她感觉到全身心都散发着分享的热量；在人们的掌声中，一直孤独奋斗的她获得了支持与鼓励；在关于人生经验与企业经营的分享中，紧闭心扉的她也第一次与外部世界进行了深层次的联结。

第三天，成杰分享了演讲的 16 字"真经"：打开自己，脱口而出；热爱丢脸，上台表现。

在第四期"演说智慧"课堂上，白梅获得了演讲冠军。从成杰手中接过证书的那一刻，这个大半生都待在厨房与餐厅的女性，开启了人生的另一种可能。

2012年2月23日，巨海宁夏分公司在白梅和另外四位股东的筹备下成立了。五位创始股东本身旗下都有经营得很成功的企业，从来没有想过靠巨海或者教育培训行业赚钱，他们只是希望通过巨海精神的鼓舞、巨海文化的浸润、巨海梦想的感召，去帮助宁夏更多的企业家拥有真正的领袖智慧，也为自己创造更有意义的生命价值。

人们常说，生命只有一次。但是，加入巨海之后，白梅惊喜地发现，她拥有了第二次生命。在第二次生命里，她平静地审视自己的苦难，温柔地梳理自己的梦想，并欣喜地遇到另一个崭新的自己。

白梅重新拾起14岁就放下的书本，洗去半生尘埃，寻找灵魂的丰盛。她除了立志要做出最好吃的西北菜，还立志做西北最好的培训公司。她开始勇敢地站在演讲舞台上，绽放出自己从未想象过的耀眼光芒。

2016年11月28日，巨海第四所希望小学——巨海李燕杰希望小学在四川省西昌市磨盘乡落地。李燕杰教授说过，我们不学海滩上的砂石，相互撞击，而要像天空中的星斗，互相照耀。白梅为这所希望小学捐赠了一座爱心图书馆。

这不是白梅第一次为希望工程增砖添瓦。在此之前，她就一直广泛参与到捐资助学、抗震救灾、扶贫救困中去。这也使得她在第一次听到成杰分享捐建101所希望小学的梦想时，内心最柔软的一部分便被深深触动。她想加入巨海，加入这个更有目标的团队，想以一滴水的力量，去汇入大爱的江海，去驾驶一艘叫"梦想"的巨轮。

白梅从未想象过，巨海竟塑造出如今的自己——一个平静、喜悦、智慧、恩慈，并且乐于分享的人。她经历了从优秀到卓越的成长，也因演讲的感召学会了去影响更多的人。如今巨海宁夏分公司从5位原始股东增加到8位，每年有3~4次千人大课，影响了宁夏数以万计的企业家。

人生过半，宛如新生。那些经历的苦难并没有被遗忘，白梅把它们镌刻在自己的生命读本中，偕同巨海的梦想和成杰的梦想，不断分享，不断裂变，见证着日新月异、万象更新，见证着每一天都焕然一新的自己。

境：传道分享，生命中的高光时刻

01

每个人都曾有过生命中的至暗时刻。当你陷入生活的迷雾或者命运的黑暗，你最期待的是什么？是一双温暖有力的大手，一个洪亮宽阔的声音，还是一盏指引方向的灯？相信每个人都有自己的答案。

即便是事业成功如成杰，也曾陷于命运的阴影，羁绊于认知的束缚。那时，他只能蜗居在几平方米的出租屋里，顶着暴晒的日头安装空调，利用下班时间在路边摆书摊贴补家用……但成杰从未屈服，一路狂奔，哪怕眼前一片混沌，他始终坚信，夜色之后便是黎明。

2003年7月18日，一场演讲让跌跌撞撞追寻梦想的成杰看到了未来的另一种可能。多年以后，他如愿成为自己向往的样子。被灯光、鲜花、掌声围绕的成杰站在演讲舞台上身心通透。短暂喜悦之后，他也清醒地知道，生命最高光的一刻不是自己被光照耀，而是高举烛火照耀他人。

2008年,汶川大地震激起了成杰内心的大爱之心,而灾后参加的一次慈善演讲让他邂逅了生命中的又一位贵人,也是他的恩师彭清一教授。

之前的成杰一站到演讲台上,就像乘风破浪的年轻水手,勇敢、激情澎湃、火力全开,但这一次,他从彭清一教授身上学到了演讲的又一重境界。年近80岁的彭清一教授,睿智、浑厚、圆融、幽默,就如一条在深海中自由游弋的鱼,任你浪花翻涌,我自闲庭信步。在彭清一教授身上,成杰感知了心灵的柔情,触摸到灵魂的温度,目击了生命的光亮。

巨海创立14年来,成杰足迹遍及大半个中国,做过5700多场公众演讲。但若是问他,哪一场让他刻骨铭心,他依然会坚定地回答:2008年那场不收分文,还自费买机票的慈善演讲。那场慈善演讲成为巨海发展史上第一个里程碑,也成为点亮成杰梦想的一盏明灯。

成杰不仅仅想成为一名卓越的演说家,更想成为一名伟大的企业家,为大爱夯实泥土,让慈善落地生根。那场慈善演讲让成杰如醍醐灌顶,拨云见日。它让成杰看到:演讲,不仅仅能分享经验、传播智慧、成就自我、创造财富,还能弘扬正气、利国利民。

那场慈善演讲意义非凡,赋予了成杰取之不尽、用之不竭的力量源泉。它是巨海的根基,也是成杰在未来前行中不断审视自我、回望初心的一面明镜。在不断的审视中,巨海逐渐强大;在不断的回望中,捐建101所希望小学的梦想有序推进。

那些曾经照耀过我们的光亮不会消散,也不会衰减,它只会被积蓄成另一种力量、另一种能源,在合适的时候再次闪耀、再次爆发。

02

多年来,中国出现了众多教育培训机构,也涌现了众多演说家,他们各领风骚,又"各自为政",不少企业试图"挣快钱",结果大多昙花一现。商业市场是一个巨型漏斗,那些欲望超过成长、野心大过梦想、眼光高于能力的人,根本无法通过顾客最终的检验。

巨海创业初期,也曾经历过创业资本、资源、顾客缺乏的阶段,但成杰和他的伙伴们凭着过硬的专业演讲能力和精准的课程,一步一个脚印,让巨海渐渐在商海沉浮中稳定下来。

成杰对于合作的态度十分开放,他深知,只有合作才能大作。而他的合作愿望,不是站在个人利益之上,而是站在整个行业的平台之上。成杰希望,办一场令中国教育培训界瞩目的演讲论坛,博取众家之长,实现传道分享的意义:叠加智慧,放大美好,传递梦想。

2011年9月,国内演说家中的佼佼者彭清一、李燕杰、刘吉等前辈,受成杰邀请,来到巨海课程现场。这是巨海的一大盛事,更是中国教育培训业的一大幸事。

彭清一,一位54岁因伤从舞蹈舞台退役,却在另一个舞台上再现风华的演讲艺术家,他的演讲斟词酌句,字字珠玑,洒脱自信,激情洋溢。

李燕杰,被誉为青年良师益友的演讲教育家,他的演讲励志勤学,博识睿智,谦逊温厚,发人深省。

刘吉,他的演讲严谨专业,丝丝入扣,时势结合,见解独到。

时年29岁的成杰,以自身的奋斗、成长经历,以及对演讲事业近乎痴狂的热情,为大家分享自己的演讲圣经《演说家是如何炼成的》。他的演讲既有年轻人的铿锵与激昂,更有超越年龄的沉稳与博识,并一如既往地在每一个吞吐的音节里，都透露出拳拳赤子心。

构建多方共赢的商业模式，推崇向上向善的生命价值，弘扬爱国爱民的民族精神，这是巨海的一贯追求。这次名师论道第一次在国内呈现了宏大的演说家阵容，让听众用一次课程智慧倍增，更让一些同行明白：真正的竞争不是抢夺，而是以宽广的胸怀和成长的态度去创造更高的价值，赢得顾客的认可与尊重。

2020年5月4日，B站一个叫《后浪》的演讲视频刷爆朋友圈。在这个赞美、褒奖、鼓励、影响年轻人持续向上的视频中，有一段台词，同样适合献给2011年这一场名师同台演讲——

向你们的大气致敬

小人同而不和

君子美美与共

和而不同……

分享是生命最无私的奉献，它承上启下、承前启后，让人类共赢共享，让"前浪""后浪"不分高下，让智慧薪火相传。

03

2020年有一部热播剧叫《安家》，剧中有这样一个情节：女主角房似锦向男主角徐文昌请教买卖老洋房的知识，徐文昌毫无保留，倾囊而授。

房似锦很疑惑："你为什么教我？教会徒弟，饿死师父呀！"

徐文昌微微一笑，答道："我认为，最好的关系不是竞争，而是竞合。"

徐文昌的话很有道理，成杰对此很赞同。他对学员们也是从无丝毫保留的。真正的传道分享，需要无私的胸怀，需要远大的格局，需要不断自我更新与超越。一个人读过的书、丰富的阅历，以及强大的逻辑思维和日日精进，成就了他的分享力。即使到了现在，成杰也一刻没有停止学习，并非因为担心被后辈赶超，而要汲取更多的营养，实现教育的初心和意义，让每位学员或顾客都能真正受益。

在近期的一次直播课中，成杰讲到中国商业培训的发展趋势：过去是填鸭式的教育顾客，现在却是不断修正和强大自我，携手更多优秀的企业或平台，让自己具备太阳的能量，持续赋能顾客，实现更大的商业价值和社会价值。

一家企业的有序经营需要在三个方面着力：一是员工和企业一起成长，二是顾客和企业一起发展，三是行业因我们而更健康。

2019年，巨海花费一整年时间，动用上百人进行调研，撰写与拟定了属于巨海人的服务标准，除了分享给自己的顾客，更着手将这套科学的体系推向整个行业，希望让有志深耕培训的初创企业或个人有章可循，更希望让一直各自为战的教育培训行业能建立起统一的服务标准和管理体系，让行业健康发展，提升行业口碑。为此，巨海需要进一步走进市场，赋能顾客。

从2020年4月起，成杰更是将注意力集中于企业的抗风险能力和风险应对方案，并进行一系列的深度研讨。就如同他在《日精进》中分享的那样，当你不能有效控制风险的时候，你就有可能成为风险的受害者。

过去的十几年里，巨海所有的课程从来不是纸上谈兵，而是脚踏实地。巨海不但认真聆听顾客的声音，并且勇敢地捕捉风口，去追赶时代的大潮。

打造一家独一无二的企业，让自己无可替代，这不仅仅是巨海的发展需要，也是无私分享给每位顾客的珍贵礼物。愿每位创业者、每位企业家，都能站在巨海的舞台上，站在时代巨大的光影中，身披生命智慧的铠甲，为梦想而战。

06
生命的价值
在于普度众生

静：生命的意义在于帮助

01

进入初夏，成杰又想起了故乡大凉山，想起了自己儿时立志要为村里捐建学校的梦想，想起了祖祖辈辈生活在那里的乡亲。

当年，年幼的他常常去山上放牛。某次，他中午回家吃饭时看到村里一位60多岁的爷爷，背着满满一筐柴，坐在路边休息。成杰二话不说，走上前去拿起柴筐，帮爷爷把柴背回了家。

山里缺水，为了吃水方便，成杰家里打了一口井。每次碰到这位爷爷过来打水，成杰二话不说，撸起袖子帮爷爷打水。他不仅帮爷爷把水送到家中，还帮爷爷把水缸打满……

这样为他人提供力所能及帮助的小事，这些年来成杰不知做了多少，但从不求回报。他的心田早已被帮助别人产生的细微快乐与满足温暖着。多年之后，成杰终于明白了这温暖的根源，那就是生命的意义在于帮助。

这份帮助，不是位高权重时居高临下的恩赐，不是富甲四方时一掷千金的施舍，而是身无长物时仍然拥有的悲悯之心，是居于"江湖之远"仍然拥有的仗义之光。

说起仗义，成杰总会想起自己常常挂在嘴边的两位贵人。

其中一位叫李显耀，成杰在绵阳开书店时结缘的异姓兄长。

成杰忘不了他邀请自己去听的人生第一场演讲，忘不了自己需要印刷资料时他慷慨借予的4000元钱。彼时的成杰正处在人生低谷，李显耀的帮助就像崖壁生长的藤蔓，给了成杰向上攀爬的可能，让成杰有机会看到更辽阔的世界，有机会与这个世界建立更深层次的联结。

李显耀帮助成杰，从未曾想得到对方丝毫的回报。他只是纯粹地欣赏成杰学习的热情和奋斗的激情。但他无意识的帮助促进了成杰对世界的探索，更促成了他们彼此深厚悠长的友情。

2020年，成杰邀请李显耀到巨海任职，却不仅仅是大家通常认为的感恩。一直在国外矿区工作的李显耀，认同巨海的企业文化和产品价值，也喜爱巨海的氛围与环境。成杰向他发出邀请，是为了帮助自己这位异姓兄长拥有更美好的生活与未来。

另一位贵人叫杨建新，百圆裤业的创始人。

2009年，成杰凭着大多数人都觉得好高骛远的捐建101所希望小学之梦，打动了杨建新。2010年7月14日，杨建新与成杰共同建成了巨海第一所希望小学——巨海百圆希望小学。

在成杰眼里，这不仅仅是一所希望小学。它是儿时梦想的落地生根，是奋斗疲惫时的一针强心剂，是跌跌撞撞伤痕累累之后被善意拥抱的柔软与温暖。

此后，每所巨海希望小学建成，成杰都会向杨建新发出邀请，邀请他见证巨海捐建的每一所希望小学落成的时刻。

时光有爱,世事轮回。所有你付出的,予以帮助的,都会在人生的某些时刻,回赐你生命的圆满。

02

普度众生,可以得天地正道,得人生智慧,不过这智慧却是从生活点点滴滴中修行而来。成杰相信,一个从小感受过爱的人,更能明白普度众生的意义。这是因为:

爱是供养——你相信的,你热爱的,你倚重的,都需要你用点滴温情去滋润,去呵护;

爱是布施——不论对方地位高低,贫贱富贵,在某一刻,你都可能用自己的方式去给予他智慧或能量;

爱是庄严,与人为善,匡扶正义——它像太阳一般发热发光,照耀众生,具有正面的力量;

爱是恩慈——哪怕我们身披铠甲与命运对抗,为未来拼搏,但只有心有慈悲,心怀怜悯,才能感受到世界的美好;

爱是包容——它可以是一个名词,平静无澜;也可以是一个动词,势不可挡。它没有大小之分。小爱小成,大爱大成,无爱无成。

而最宽阔的爱,便是无欲无求,心存高远。它让人拥有无尽的喜悦,让人能量充沛,让好运、好事、好人跟随宇宙的意志接踵而来。

巨海之所以走到今天,除了不断提供与时代接壤的课程与服务,最根本的是始终坚持"帮助人,影响人,成就人"的初心,这是爱,是善意,更是在浩瀚的宇宙空间将一直闪烁的真理。

普度众生也好,人间大爱也好,与实实在在的存款余额、进账数字相比,显得有些虚无缥缈、触不可及,但成杰坚持在生活中修行。没有哪一次善举不是从点滴开始的,没有哪一个梦想不是脚踏实地去实践的。以佛心为我心,以佛行为我行,爱便成了一种习惯,普度众生也是寻常百姓可为,可从寻常生活做起。

具体来说,可以从以下几个方面入手。

对家庭的贡献方面:努力工作,赡养父母,教育子女,善待伴侣,自觉维护家庭稳定,社会和谐。

对学业的贡献方面:作为子女,学业有成,对得起父母师长,也对得起自己的未来。

对企业的贡献方面:身为员工,服务企业,创造价值;身为企业家,持续生长,良性发展。

成杰常用王阳明心学中的四句精华来总结关于普度众生的意义与价值:"无善无恶心之体,有善有恶意之动。知善知恶是良知,为善去恶是格物。"王阳明认为:"天地虽大,但有一念向善,心存良知,虽凡夫俗子,皆可为圣贤。"所以,立明本心,为善去恶,知行合一。拥有这些看似简单却通透的人生智慧,从每件小事做起,做一个善良、有爱的人,再平凡的生命也能绽放光芒。

03

"如果我真的存在,也是因为你需要我。"这是英国作家克莱尔·麦克福尔小说《摆渡人》中的一句非常经典的话。一部虚幻小说,一个灵魂摆渡人,麦克福尔作品的真实意义是为了让人们去深思生命的意义,让人们学会付出,学会爱。

在心理学家马斯洛的需求层次理论里,尊重需求与自我实现需求的实现,都是通过帮助人、影响人、成就人来完成的。几乎所有取得伟大成就的人,都是因解救或成就他人,最终获得自我的救赎与圆满。

成杰认为，普度众生，如红日初升，如清风徐来，让他人在受益、成长的同时，也能让自己喜悦而平静，从中悟到更多生命大智慧。

成杰在创立巨海之前，已经年薪百万。如果只是希望过上优越舒适的生活，那创业无异于自讨苦吃。从成杰选择进入教育培训行业那一天开始，他就明白，一名演说家的责任，是传递正向价值，服务与影响众生。

汶川大地震后的慈善演讲，让成杰开始反思自己的人生价值：如果过去仅仅是为了追求个人的成功，那么未来的人生，他希望能帮助更多人获得人生的幸福与圆满。

时至今日，巨海业务遍布全国，旗下拥有近千名员工，上万学员和顾客。从商业角度来看，巨海创造了令人惊叹的业绩和财富；从社会层面来看，巨海影响了无数人对待生命的态度，改变了无数人的命运，并用生命智慧作桥梁联结起了更多需要帮助的人。

人生之路很难一直平坦，生命旅程中总会遇见激流险滩。我们不能在苦难中崛起，便会在苦难中沉溺。而巨海以生命智慧为舟，以成长经验和奋斗精神为指引，将人们载往平静祥和的智慧彼岸。

曾经，成杰孤独地迈过那条暴涨的河流；曾经，成杰孤独地寻找前行的方向；曾经，成杰孤独地分享捐建101所希望小学的梦想，但是当他在教育培训行业持之以恒地奋斗，当他将一名名迷茫的企业家渡往生命高处，他的梦想就成为无数人的梦想，生命智慧也成了所有人都可观照自我、突破局限的实用工具。

巨海的崛起，正是因为帮助了无数人崛起。渡人，也是渡己；助人，终将助己。

进：愿普罗米修斯的火种传遍世界

01

1931年出生的彭清一，10岁丧母，从此四海为家。他饱尝过人间疾苦，更体验过人性凉薄。直到北平解放时，被进城的解放军塞了一个装得满满的干粮袋，他才第一次感受到人间的温暖。1949年3月8日，几经周折，彭清一考入了华北大学（今中国人民大学）艺术系。从那时起，他对生命有了深刻的理解与追求。

彭清一将《钢铁是怎样炼成的》中的一段经典文字作为自己人生的座右铭："人的一生应该这样度过：当他回忆往事的时候，不会因为虚度年华而悔恨，也不会因为碌碌无为而羞耻。"

从1949年至1985年，彭清一在舞蹈事业上奋斗了36年，出访过30多个国家和地区，为祖国赢得了两项金奖和多项荣誉，受到了多位国家领导人接见。他以对训练的坚持、对舞蹈的热爱、对国家的忠诚，以及对生命的感恩，成为中央歌舞团的佼佼者，并成长为国家一级演员、一代舞蹈家。

1985年，54岁的彭清一在为青年演员做示范动作时，出现了失误，导致自己的左腿粉碎性骨折，不得不暂别艺术生涯。但很快，他又以另一种方式再次登上了舞台。在家养伤的彭清一被中国政法大学邀请去做报告。演讲台上，他以奋斗的经历、对艺术的追求，以及对祖国深深的热爱，加上特有的肢体语言，描绘了一段极致燃烧的人生。

演讲完毕，现场的800余名师生全体起立，一起为他欢呼。那一刻，彭清一再次找到了生命的价值：站在演讲台上，用激情和生命去呐喊，以凛然正气弘扬真善美，怒斥假恶丑，并将自己的一生都奉献给国家和人民。

从此，彭清一开始奔走于全国各地，开启了另一种舞台人生。此后，他陆续被192所大学聘为兼职教授，被中宣部、共青团中央授予"全国优秀青年思想教育工作者"，荣获"中国十大老年新闻人物"，并多次获得文化部、中央国家机关优秀共产党员等荣誉。

如果说过去的彭清一是用舞蹈赞美生命，用艺术点亮人生，那么这次演讲之后的他则开始用演讲唤醒沉睡的心灵，用正念影响扭曲的价值。他不断追求，也不断奉献。他清楚地知道，一个人生命最深刻的价值，不是追求自己微小的快乐，而是构建更多人的幸福。

生命是一本厚重的书。彭清一站在演讲舞台上，一页页翻阅个人、国家、社会的历史，为人们朗诵美好、积极、热情的篇章，用人生智慧浸润那些在短期利益下变得焦躁与干涸的灵魂。

02

2008年，彭清一已经年近八旬，仍然不断地为祖国的教育事业贡献力量，也不断地关注这个世界的每一分成长与变化。一场汶川大地震让无数生命与家庭陷入绝望与悲痛，却也让更多人再一次审视生命的价值。在为汶川灾区举办的一场慈善活动现场，彭清一和成杰第一次见面了。

彼时彭清一已经名扬四海，门下优秀弟子无数，成杰还不过 26 岁。尽管双方此前素不相识，但彭清一在成杰这个年轻人身上看到了四个字——后生可畏。

当时成杰的演讲技巧还不算完美，但其坦然而自信、稳健又笃定的台风令人欣赏。同时，彭清一还捕捉到了成杰强烈的成长愿望与企图心。他并不反感成杰有意地接近，因为所有渴望学习的人，都值得被尊重。

成杰跟彭清一交流的，除了演讲的经验，还有捐建希望小学的梦想，而彭清一向成杰传递了"为善如筑台，先助己，再助人"的理念。这一老一少两位演说家，年龄相差半个世纪，一个如浩瀚深海，一个如激流飞瀑，彼此探索，彼此交融，在岁月的交汇中渐成忘年挚友。

彼时，教育培训行业新人辈出，一向愿意支撑与鼓励后辈的彭清一对 26 岁的成杰寄予厚望。他挥笔题下"天道酬勤"四个字送给成杰。彭清一认为，假以时日，这个努力的年轻人必成大器。

2008 年 10 月，巨海在上海成立。一间 160 平方米的办公室，5 个创业伙伴，不足 10 万元的创业资金，稀缺的顾客资源，完全与平常的初创公司没有什么区别。但是，成杰内心充满了能量，激情洋溢是这位创业者日常的底色。

这个当初孑然一身、从家徒四壁的大凉山土坯房里走出的农家少年，早已经在岁月的流逝和苦难的摔打里磨炼出了坚定的意志。他相信前路艰难，但再多的艰难，不过是成功的基石。

成杰理想中的成功，不是财富的堆砌，不是权势的积累。他想要让更多的乡村孩子在教育中受益；想要更多的企业家和巨海一起实践捐建101所希望小学的梦想；想要更多的人不断在成长中审视自己，不断远眺世界；想要所有人的生命都可以因为一份慈悲之心，变得既强大又温柔。

在成杰的个人成长史与巨海的企业发展史上，彭清一是那个一直倾情关注并竭尽全力提供支持的人。彼时彭清一名满天下，课程场场爆满，而创业伊始的巨海演讲战绩并不稳定。不过，只要成杰开口邀请，只要时间允许，彭清一都欣然应允。

在行情跌宕起伏的教育培训行业中，彭清一见过无数对培训事业心怀壮志却最终黯然退场的人。但从认识成杰那天起，他就从来没有质疑过成杰的初心。彭清一自己也愿意将奉行一生的向上与慈悲，传递到一代又一代人手中。

03

2016年，是彭清一与成杰结缘第8年，也是巨海创立第8年，成杰用恩师彭清一的名字，为在四川康定捐建的一所巨海希望小学命名，它就是巨海彭清一希望小学。彭清一博爱一生，慷慨一世，获得了无数荣誉与奖杯，却从未曾想过，自己在85岁之际会收到这样一份珍贵的礼物。

其实，早在1950年，彭清一就与康定这块热土结下了不解之缘。当年，彭清一在康定演出、工作，与当地军民建立了深厚的感情，也爱上了这块贫瘠却真挚的土地。他热爱自己被太阳晒得滚烫的青春；热爱那些黝黑的皮肤，雪白的牙齿，星星般闪烁的眼睛；热爱那些在困境中不曾懒惰的灵魂。

66年之后，康定的天空一如当年那样湛蓝而广阔，站在崭新的希望小学前，往事逐渐浮上眼前。那些从小颠沛流离、风餐露宿的苦难，那些坚持不懈、与自我对抗的训练，那些谈笑舞台、叱咤风云的演讲，是属于他的人生悲喜，也是属于他的人生财富。但所有的珍贵，都及不上孩子们分享给他的欢喜与希望。

彭清一常常说，成杰是自己最得意的弟子之一。这份得意，不仅仅因为成杰将他的名字用在希望小学的命名上，更因为成杰用一颗大爱之心，用令人叹服的成长，证明了培训的价值。30余年站在演讲台上，无所求，无所欲，终于亲眼见证后辈崛起，彭清一觉得，不负此生。

2021年，彭清一已经90岁高龄，此时他已经与成杰相识、相交、相知了13年。他见证了巨海的成功，也见证了十几所巨海希望小学如雨后春笋般破土面出；他是陪伴巨海成长最仗义的友人，也是鞭笞成杰进步时最严苛的恩师。

成杰也一直敬重恩师，并视他如父。相识之后的每个教师节，无论成杰人在哪里，总会为身在北京的彭清一送上一束鲜花。平时跟彭清一一起吃饭，成杰也不会忘记点一份恩师爱吃的小米辽参。

彭清一给过成杰创业的启迪、梦想的梳理、知识的灌溉、智慧的升华，更给过成杰离开家之后难以体会的脉脉温情。但彭清一令成杰最敬重之处，还是他用自己的一生写了一个大写的"人"字。这个"人"，情系家国，心有大爱，用最朴素也最深刻的演讲智慧、最强大的生命能量，帮助弱小，唤醒冷漠，激起正义，坚持真理。

如今，91岁的彭清一依然身体硬朗，精神矍铄，依然有一颗侠义慈悲之心。他常常骑电动车上街，遇到弱小，便会伸出援手。一个人可以以心为师，以师为镜。耄耋之年的彭清一依然能用如火的热情、如水的慈悲，让比他年轻50多岁的成杰瞬间充满能量。生命的价值从来不该以年龄为限制，而该以济世、渡人为考量。像彭清一这样的人，就是被普罗米修斯盗取的火种,他们的存在,便是人间的一道光。

无论是年已九旬的彭清一,还是 40 岁的成杰,抑或正在翻阅这本书的你,生命就该是一道光,不仅照亮自己,还要照耀他人。愿我们都能做普罗米修斯的火种,让生命智慧的光亮传遍世界。

净：普度众生就是做好自己

01

香海禅寺位于浙江桐乡，建于清咸丰年间。这座有着700多年历史、香火鼎盛、恢宏壮观的寺庙屡遭战火，年久失修。2004年，贤宗法师开始主持寺院，那一年，他不过34岁。如今，香海禅寺建筑面积达18600平方米，总绿化面积80亩。以佛教经典《华严经》中的"华藏世界"为设计理念的大雄宝殿中有4000多尊佛像，令十方信众得以参礼朝拜。

初夏时节，万物生长。白日里，贤宗法师和一群弟子在寺庙建设绿化地。每每种下一棵绿植，他会停下来欣赏好一阵子。太阳下，贤宗法师额头挂满的汗珠闪着细致的光。他直起身来看看自己主持了十几年的寺庙，心里说着真美。

这份美是日出时的磅礴，是日落时的庄严；这份美是一砖一瓦建筑的宏大，是一笔一画勾勒的传奇；这份美是千年不熄、袅袅上升的香火，是百年人生转瞬而逝却代代传承的风骨；这份美是人间最虔诚的耕耘，是生命最坚韧的信念。

在贤宗法师组建团队，筹集 7000 万元人民币，重修并壮大香海禅寺之后，香海禅寺的"老板禅修"已经不止于"禅修"二字。有学习与成长需求的企业家也愿意向他请教：如何在拥有高尚的品格、宁静的内心世界之后，让企业有一个质的飞跃。

贤宗法师以数十年修习的智慧，以及主持寺庙的成功经验和体悟，被誉为企业家心灵导师。但贤宗法师对此并不认同。他觉得，企业家也是人，只是企业家的成长，关乎更多人、更多家庭的命运。

佛教的慈悲、宽广、无私，对于打开企业家的思维方式和提升其思想格局都是一种帮助。乔布斯、曹德旺、稻盛和夫等，都在佛教文化中获得了人生的开悟，获得了更多的精神养分，寻到了更多的生命价值。

在贤宗法师看来，企业家很辛苦，不容易，一个普通人要面对工商、税务、产品、团队、对外业务等林林总总的事务与责任。如果没有一个舒缓压力、释放心灵的空间，总有一天，会有一根稻草让疲惫不堪的骆驼倒下来。

"一切有为法，如梦幻泡影。如露亦如电，应作如是观。"人生无常，这世间唯一不变的就是变化。如果能以一颗平常心面对人生百态，时时拥有平和、从容、喜悦，便是修行的成果了。

贤宗法师说，如今人们习惯用"佛系"来形容淡泊或无为的人，实在是对佛教的无知与偏见。寻常人只看到他们晨钟暮鼓、打坐诵经的宁静，却很少追随和懂得过他们向上向善、无惧无畏的信仰。

达摩面壁 9 年，玄奘西行取经，鉴真东渡日本，哪一个不是心怀理想、救世济人，既为解救众生，又为成就自我，哪怕面临重重苦难，甚至牺牲生命也不退缩。贤宗法师相信,真善不是苛责他人,而是做好自己。普度众生,就是要拼尽一生的力气,创造生命的价值,做一个对世间有用的人。

02

普度众生,是解救众生脱离苦海。那到底何为世间苦与乐?

贤宗法师连续几年带领企业家到沙漠徒步,每天花四五个小时顶着高温在沙地上艰难跋涉10余公里,一行人感受到的是太阳的暴晒、唇舌的干涸和内心的焦灼。好不容易到达补给站,当补给站的人们把切好的西瓜摆在这些身价不菲的老板面前时,他们瞬间感到,所有的宏图大志、人生梦想,都及不上西瓜甘甜。

所谓幸福的人生,大抵都是盛开在沙漠里的花,是夹杂在漫长煎熬里的期待,是历经苦难之后收获的喜悦。而贤宗法师的圆满与喜悦,是站在台上,关注每一位听众,在分享智慧的同时倾听他们的困惑与难题。作为讲师,他希望自己讲的内容一定是对他人有用的,可以实实在在帮助他人。天地之间,众生平等,不分高低贵贱,只论有用无用。

贤宗法师分享过百威啤酒在20世纪20年代遇到的一次危机。当时的美国政府曾颁布禁酒令。此令一出,许多啤酒厂倒闭,但百威另辟蹊径,开发出系列无醇饮料,包括无醇啤酒,最终帮助公司渡过了难关。

此次新冠肺炎疫情,无数餐厅停业、倒闭,却依然有一些商家绝境求生,开发线上销售及外卖食品,为顾客提供了帮助,为自己找到了新的自我价值。

众生皆苦,唯有自渡。贤宗法师也是守候在苦海边的摆渡人,用他的智慧与修行渡人一程。尘世喧嚣,行走其中,真正的天籁往往会被过滤掉，被俗世污染，被他人影响。普度众生，需要保持一颗纯净而善良的心。至于如何做，贤宗法师给出了他的答案。

第一，点滴之事，无愧之心。

人生不过分秒之间，做好身边点点滴滴，坦荡于心，才是珍贵的品格。

第二，时时静思，智慧无限。

给自己一个安静的空间，坚持独立思考与自我反思，智慧就会像清泉一样汩汩而出。

第三，保持喜乐，从容洒脱。

给予和关心他人，最能使人喜乐。

第四，向有智慧的人学习。

有天生的智商，却无凭空的智慧。成杰也说，要向高能量的人"化缘"。

第五，心怀使命，定心做事。

在中国，做企业要学会定心，不把物质追求看成唯一，而要把质量当作本分，心怀使命，期待国货崛起、国家崛起。

贤宗法师用十几年的时间重建了香海禅寺，令古刹香火鼎盛，重现辉煌，最初也不过在抟守一个出家人的本分——生活即是修行。就如同他叮嘱扫地的小僧，当你不疾不徐、平心静气扫干净每一片落叶，就是做好当下的自己。

生而为人，都要学会扫净身边的尘土，保留内心的善良与洁净，坚守做人最基本的底线与责任。

03

贤宗法师与成杰相识之初，便欣赏他的上进、勤学之心，也在他眉宇间读到人间凛然正气。每每贤宗法师与成杰对谈，往往会在一炷香、一盏茶之间忘记时间的流逝。世界上没有完全相同的两个人，所谓知己，不过是在某一个瞬间，两个人切换到相同的频道。

成杰懂得贤宗法师的慈悲，是沉淀在经文里的隽永；贤宗法师也明白成杰的梦想，是承载于商业上的厚重。两个同样心怀使命的人，在属于自己的舞台，传道分享，普度众生。

贤宗法师常说，要做一个有用的人。这句话听来简单，却是至理名言。真正的智慧从来都不冗长，不繁复，却意味深长，让人回味无穷。成杰就一直用自己的行动践行着这简单又寓意深远的智慧。

2003年7月，成杰初涉教育培训行业，想成为其中一员，可没有经验，没有资源，仅有一腔热诚，被人拒之门外也很正常。他并没有放弃，主动提出以零工资的形式加盟。他的执着让他获得了入门资格，他也以实际行动证明了自己的能力——入职短短一个月就成了公司的销售冠军。

2004年1月，成杰工作的培训公司因为经营问题黯然退出市场，成杰却坚持下来，他一个人进行了数百场公益演讲，搅动了绵阳培训界的半边风云，成为深受欢迎的青年演说家。

2006年11月15日，成杰勇闯上海滩。他一边开拓陌生的市场，一边在黄埔江畔进行101天演讲训练。持续精进的他演讲技巧日臻成熟，事业如日中天。

2008年，汶川大地震后，成杰因一场名为"跨越天山的爱·川疆连心名师义讲"的公益演讲，创立了巨海，拥有了用毕生的时间和精力去捐建101所希望小学的伟大梦想。正如贤宗法师说，普度众生，就是不断提升自我的价值，再去帮助他人。

以梦为马，不是让自己陷在命运狭小的磨坊里无力地转圈，也不是沉溺在生活赐予的苦难里低头耕种,而是像范仲淹那样,"先天下之忧而忧,后天下之乐而乐",心怀天下,奋力驰骋。

创业是人生的修行。熟悉成杰的人都知道,他以从不间断的自我成长与持之以恒的自我约束为基础,为实现企业使命和社会责任开拓前行。

截至目前,巨海已经成功捐建18所希望小学,旗下100多家分公司(子公司、联营公司)遍布全国。因为一个普度众生的源起,以及创业路上的修行与磨砺,才有了今天的巨海。

何为普度众生?成杰回顾了自己的多年创业史,再次做出了解答。

普度众生是善良。

善良的人往往面貌端庄,眉宇正气,神态温柔;善良的人会吸引世间所有美好的人与事;善良的人在救助他人、慈爱众生时,也能获得内心的满足与快乐。

普度众生是奉献。

这种奉献是对家庭、家族、家乡的奉献。巨海第一所希望小学就建在成杰的家乡四川西昌。这是属于家族的荣耀,也是埋藏在成杰血脉里最深刻的乡情。

这种奉献是对企业、员工的奉献。把企业做好,让每名员工都得到成长、都拥有梦想,也是一份伟大的事业。

这种奉献是对社会、国家、民族的奉献。教育的意义,就是唤醒沉睡的灵魂,呼唤正义,引领正道,发扬中华民族的传统文化与奋斗精神。

这种奉献是对世界、人类的奉献。真正的精神领袖,最能懂得普度众生的意义。

普度众生是自我修炼。

作为一个从贫困山区走出来的农家孩子，成杰不断在阅读中沉淀，在奋斗中学习，在苦难中磨砺。只有经历过苦难的人，才更有勇气打破命运的桎梏。普度众生，需要宝剑的锋芒，也需要梅花的香馥。拥有生命的棱角，才能向命运挑战；拥有灵魂的香气，才能唤起慈悲与柔软。

普度众生是做好自己。

成杰相信，生命就是一场感召的过程。捐建101所希望小学的梦想看似宏大，但若集众人之力，梦想更容易变成现实。普度众生不是天马行空，而是脚踏实地。一个普度众生的人，更需要点滴成长，日日精进。

"君子务本，本立而道生。"早在2500年前，儒家创始人孔子就已经给了人们这样的智慧启示。

境：走进市场，赋能顾客，做地面的飞行者

01

2020年初，新冠肺炎疫情肆虐了全世界，人们的工作和生活受到了严重的影响，巨海红火的线下课程也基于现实原因停课。此时，成杰没有一味消极地等待，而是在网上开了直播课。"杰哥"隔着电脑或手机屏幕走进了大家的生活。习惯了他在舞台上的光彩熠熠的A面，大家又惊喜地看到了成杰接地气的B面，感受到了他丰富有趣的灵魂。

通过低价甚至免费直播课程，动员整个巨海的员工打通思维、改变行为，是特殊时期打造团队凝聚力的手段。它可以提升员工变革与创新的能力。

学习社群营销，也为顾客提供即时的智慧与能量输出。

赋能企业更需要自我赋能。赋能不是隔空打牛，也不是隔靴搔痒。让员工和一线团队经历市场风雨的洗礼，让他们在不断克服困难、解决问题的过程中成长，不断获得反馈与成就，才是真正的赋能。

一场直播涨粉数千人，但成杰并没有沉溺在"网红"的虚幻中。他很清晰地知道，大多数中国企业面临的经营和管理问题，不是直播可以解决的。如果没有成交和变现来解决当下的危机，如果没有智慧与能量增强企业内核，再拼命的直播也不过是一场血淋淋的肉搏。

成杰回想起巨海发展历史上的一些特殊时刻。它们看起来细如萤火，多年后回忆起来，依然会带来烈日灼心般的感受。

2010年7月，一堂千人大课之后，一位做化妆品生意的顾客离开了巨海。离开之前，他对成杰说，他想看到效果。那一刻成杰触动很深。一直以来，成杰相信"演说智慧"课程就是巨海的立足之本，通过演讲能够提升企业管理者的魅力、信心、能量，也会给无数企业带来实际的增长。

如果成杰忽视了这位顾客袒露出来的真实感受，自满于巨海当时的课程和案例，也许便没有巨海后面的强势腾飞。多年后，成杰依然百般感恩那位离开的顾客。在他看来，生命中能带给我们思考与成长的每个人，都有其价值所在。

2013年，是成杰进入培训行业的第10年，也成为巨海的培训元年。经过了近两年的调研与准备，成杰对课程体系和巨海战略做了大刀阔斧的改革，在2013年7月18日这天开设了"一语定乾坤"的第一次系统培训课程。它既是一场超越演讲的教育盛宴，又是一场心法与能量之旅。站在顾客价值角度，它可以帮助企业实现利润30%~300%的增长。从领导力、演讲力、影响力与生命力四个方面来看，"一语定乾坤"囊括了企业家自我突破的方方面面，并让企业获得经营上的快速成长与突破。

"一语定乾坤"一鸣惊人，为企业家进行了实战、实用、实效的演练。经过多次升级更新，"一语定乾坤"进化成今天的"商业真经"，学习内容也从四个维度进阶到六个维度，并以顾客价值为核心打造了"为爱成交"等实用课程。至此，巨海开始了腾飞之路。

哪怕飞到云端，成杰也会记得当年在绵阳摆地摊卖书的经历，那是一段人生中处在最低谷，同时也最珍贵的时光。它让人坚强，也让人柔软；让人谦卑，也让人高贵；让人在失意时也不会失去希望，在得意时依然心怀理想。

成杰常常提醒自己，尽可能地贴近滋养自己生命、赋予自己营养的土地，亲自去问一问那些埋在泥土下的种子，是否也有长成参天大树的愿望。

02

随着国内新冠肺炎疫情的好转，大多数企业加入了复工复产的大潮。后疫情时代，企业如何重整旗鼓？企业如何走出复工困境？企业如何涅槃重生？这些问题时时萦绕在成杰的脑海，让他丝毫不敢松懈，站在企业角度反复思考，并迅速做出决策——走进市场，赋能顾客。

2020年4月12日，巨海智慧书院交流分享会在金华燕方归书院开启，大家齐聚一堂，探讨企业在危机中的经营哲学。大家各自分享自己的企业如何在危机中思索、自救，而巨海也以自我经营、调整为案例，为大家提供借鉴与参考。成杰更是分享精彩内容，让大家积极地应对危机、拥抱未来。

他提出，特殊时期经营企业需要做好以下几件事。

第一，保有归零心态。

企业家要有回归创业初心，进行再次创业的胆识。

第二，全员传播。

人人都是自媒体，培养员工及时传播能力和社群运营能力。

第三，服务至上。

现在的时代，没有对手，只有服务对象。

第四，迎战未来。

打通思维，改变行为；打破边界，重塑未来。

2020年，巨海在"服务至上，价值取胜"这一战略中心思想的基础上，再次提出了重磅指导方针：**服务是为营销赋能，咨询是为培训赋能**。

成杰常常说，过去的企业培训是教育顾客，现在的企业培训是赋能顾客。如果说在新冠肺炎疫情发生之前，巨海多多少少还在享受教育培训时代的红利，那么新冠肺炎疫情得以控制之后，当各种各样的具体问题横七竖八地躺在企业门前时，成杰也担上了更多沉甸甸的责任。

当自己已经遨游过生命的星河，观赏过宇宙间闪烁的智慧之光，感受过向普罗大众弘扬善与美的真实喜悦，成杰想要的，早已不是舞台上的光芒，学员的鲜花与掌声，以及每次成交后的丰厚回报。他希望所有曾对巨海报以信心与希望的顾客，在真正的"战疫"打响之际，依然能将巨海当作可以并肩作战、击掌为誓的盟友。

成杰始终记得自己一笔一画写下的生命智慧：生命的价值在于普度众生。在无数企业面临断流、危机、困难之际，成杰相信自己有能量、有智慧、有资源为人们打开另一扇思维的窗户，也为在危机洪流中沉浮的人们渡去一叶轻舟。为顾客解决当下最需解决的问题，才是生命价值的体现，才是巨海存在的意义，才是真正的普度众生。

一个多月的时间内，成杰走访了十余家企业，进行了一对一顾问式咨询服务。他通过调研、访谈、面对面的咨询辅导，毫无保留地提出了实战性解决方案。此外，成杰要求公司各高管，从副总裁、各分公司总经理、讲师到营销团队、服务团队全面出动，走进市场，赋能顾客。

四川遂宁一位叫廖艳的顾客，亲身体验过巨海团队的快速反应。在她提出企业急需解决的问题6个小时之后，从成都驱车出发的巨海四川分公司总经理严华就来到了她的面前。那一刻，廖艳感受到了巨海的专业化服务，也感恩于被迅速反馈的价值体现。在这个分秒必争的时代，她受到了极大的鼓舞。

正如成杰所说，**商业的本质，就是回归顾客价值**。而顾客所有的迷茫或困惑，也许在被巨海关注、支持的那一瞬间，就成为他们提升企业和品牌服务水平的自我驱动力。

在复工之后的"商业真经"课堂上，学员们也惊喜地看到了变化：课程再次进行了升级与更新，加入了"微咨询"和"落地服务"环节。"微咨询"是成杰在台上将顾客的困惑和问题，选出最具代表性的，当场作答。"落地服务"则是根据企业需求，有针对性地安排咨询老师，分不同的专业领域，进行小组式的答疑解惑。

值得注意的是，这些服务是属于巨海全体顾客的，并不会因为他们所属企业的体量大小而有所差别。巨海的发展史上从来没有因业务体量对顾客厚此薄彼，有的只是坚持为顾客价值上下求索、永无倦怠。

03

2020年6月8日，数月来连续奔波于苏州、杭州、上海、无锡等地的成杰飞往重庆。当天一早，他更新了一条"日精进"动态：

战略是以终为始，战术是以始为终。

生命循环往复，经营亦然。同样的坐标，同样的终点，选择的路线不同，结果也大不相同。同样受新冠肺炎疫情影响，有的企业陷入困境，有的企业在烈火中涅槃重生。他们在困境中反击，在逆境中突袭，从"私域流量""网红经济"等词汇构建出来的海市蜃楼中回归创业的初心。

此前，巨海上海分公司总经理何开举已经提前到达重庆，配合巨海重庆分公司的伙伴，用10余天的时间，大量走访重庆本地及周边顾客，收集顾客信息，调研企业复工后的经营痛点。在一对一咨询摸底之后，6月9日下午，大家于重庆南滨路弹子石老街，也是巨海服务的企业——金山红体验中心，进行了一场"战略咨询研讨会"。

确定战略，首先要自我解剖。研讨会上，成杰以巨海多年的老顾客与合作伙伴统帅装饰从300万到10亿元的业绩增长作为参考案例，向大家讲述了一个朴素而实用的经营哲学：战略的核心就是专注和聚焦。

成杰不断抛出问题，如"战略四问"：
1. 未来3~5年，我们行业会出现什么样的机会？
2. 未来3~5年，我们行业会面临什么样的挑战？
3. 面对未来3~5年的机会，我们的优势是什么？
4. 面对未来3~5年的挑战，我们的劣势是什么？

成杰说，当前的中国企业家必须拥有对企业经营和未来发展的全新认知。这份认知，不仅仅是对市场和战略的认知，还是对企业文化的重新梳理和学习，以及对人才机制的全新思考与培育。

在提问环节，研讨会进入了白热化阶段。正如成杰所言，如果战略的研讨缺少执行的辅导，就会失去战略的意义。企业经营者纷纷向成杰说出企业的经营困惑与痛点。在聊到一个超市经营者的营销问题时，成杰金句频出，神采飞扬。这种涉及务实的营销实战，对成杰而言更有成就感。较之咨询环节，一对一提出解决方案，才是本次研讨会的核心与亮点。

当天夜里，成杰失眠了。研讨会上，顾客迫不及待的咨询、意犹未尽的遗憾深深地留在他的脑海里。如果说此前"走进市场，赋能顾客"只是一种尝试和调研，但从那时起，成杰重新整理了一遍巨海战略发展的思路及顾客反馈，并坚定不移地相信：真正的教育一定是去营销化，坚持服务至上，价值取胜。

凌晨已过，成杰又重新梳理了一遍第二天需要走访的重庆两家企业的资料，调整了咨询服务的顺序与逻辑，快到天亮时，才稍稍合了一下眼。

2020年6月10日上午，成杰及巨海智慧书院学员一行来到重庆博辉建材有限公司（以下简称"博辉"）进行企业顾问式咨询。针对博辉的产品特色和经营状况，成杰重点提出：企业的第一战略就是人才战略。从人才选拔、任用、管理，到团队的建设、激励及行动，再到为企业建立更强大的行业影响力，成杰给了博辉这家销售型企业最中肯的建议。

大家下午走访的重庆三易食品有限公司，则是从事火锅牛油系列产品和火锅底料系列产品的生产型企业。该企业拥有现代化的生产厂房、先进的食品生产流水线、雄厚的研发和生产能力，以及高素质的生产、销售和管理团队，但在品牌文化和企业文化上有待提升。成杰迅速做出反应，提出了两点建议：第一，制定企业品牌战略；第二，提升员工内部凝聚力。

成杰说，销售、创新、利润会让企业变得更强大，唯有文化、思想、精神才会让企业变得伟大。真正的文化，从来不是纸上谈兵，而是实践在生活里的经验，贯穿于经营中的生命智慧。

有人说，2020年后，企业进入了地狱模式。成杰并不这么看，他一面心存悲悯，一面更加坚定落地服务的战略——若是企业经营者都能迅速从苦难中拥有归零、积极、向上的态度，并且在面临艰难选择时拥有强大的精神信念和科学辅导，就会持续保持笃定与自信。

20年前，年轻的成杰可以放下面子摆地摊卖书，维持生计；20年后，成杰依然有勇气与智慧从云端下沉到地面，做一名务实、精进、不懈奋斗的开拓者。

携手巨海，在后疫情时代，在暴风雨来临时，做地面的飞行者。我们终会蓄起满满的能量与智慧，于太阳升起的时刻再次高飞。

07
生命的绽放
在于内在丰盛

静：内在丰盛就是向内生长，向下扎根

01

"我们常常痛感生活的艰辛与沉重，无数次目睹了生命在各种重压下的扭曲与变形，'平凡'一时间成了人们最真切的渴望。但是我们在不经意间遗漏了另外一种恐惧——没有期待、无须付出的平静，其实是在消耗生命的活力与精神。"

米兰·昆德拉在《生命不能承受之轻》中描写了人类对生命质量的需求，"轻"是最易得的生命体验，没有压力，无须付出，不问前程。但是终有一天，我们回首往事，会发现在那些轻描淡写的人生底色下，在横生的皱纹之下，竟然找不到生命盛开过的痕迹。所以，那些我们曾经恐惧过的、逃避过的、拒绝过的种种可能性，成了自己生命中最大的遗憾。

2020年6月22日，成杰刚刚结束为期3天的"为爱成交·国际研讨会"课程，并没有马上放松下来。他早上3点钟醒来，想想接下

来的工作，即刻起身，读书、写作。4点一过，他发了一条"日精进"：

不容易的人生，才会更有意义。

有个失眠的朋友正好看到了，就发微信问他："成杰老师，你这是醒了，还是没睡？"成杰将自己的书房拍了个视频发给她，表示自己已经开始学习和工作。朋友很震撼："成杰老师，我知道你一向爱学习，但没想到这么爱学习，这么精进。"

正常情况下，每次大课之后公司的同事们都会调休，但成杰为自己安排的日程是全年无休。早上7点，他从家里出发，7点半到公司，开始新一天的工作。下午，他接待了一位专程从武汉过来学习交流的培训行业的朋友。接近5点，成杰迅速给当天工作画上了句号。他难得回家这么早，因为今天是儿子的生日。

晚上，成杰和家人为过生日的儿子做了一顿丰盛的晚饭。一顿饭的时间，是成杰除了享受工作之外最大的欢娱。晚饭过后，成杰终于感到疲倦，沉沉地睡了1个半小时，又起来工作到12点半。成杰觉得，这忙忙碌碌的一天就像盛夏的果实，丰盛而甜美。

"是日已过，命亦随减，如少水鱼，斯有何乐。当勤精进，如救头燃，但念无常，慎勿放逸。"对成杰而言，从2001年孤身前往绵阳奋斗的那一天起，便开始了昂扬向上、奋勇精进的人生。他背负着沉甸甸的生活压力，不管不顾地钻进泥土深处，去寻找滋养生命的养分，灌溉理想的水源。

他用自己苦行僧式的生活向理想致敬。他曾住在冬天像冰窖、夏天像火炉的棚屋里，一碗白米饭加一个蒸蛋是日常吃食；他曾每天天不亮就跑步上山练习演讲；他曾为了一个免费演讲机会跑遍了市内数十家学校……但今天的沉默,都是为了翌日的高歌;所有的冬藏,都是为了春天的绽放。

02

2012年,成杰刚满30岁,他已经创办了巨海,和闫敏结了婚,有了自己的家庭。从四川大凉山一个瘦削穷苦的农家少年,到影响中国教育培训行业的传奇人物,成杰在人生旅途中有了质的飞跃。

物质的富足让他面貌温润、神采奕奕,精神的滋养让他恬静从容、温暖喜悦。他从来不曾抱怨过命运的不公,反而是感恩苦难的赐予,让自己的灵魂有更多的空间去获取持续生长的能量。

2015年,成杰在一次演讲中讲到:"假如生命在今天结束,我也不会觉得遗憾,因为我已经活得足够精彩,未曾愧对自己和他人。"

是的,从大凉山冲向绵阳,从绵阳飞往南京,从南京勇闯上海滩,成杰站在每一条未知的河流前,都是没有犹豫地纵身一跃。为这次飞跃,他早已经做好了充足的准备。读书,让他知识渊博;学习,让他精神饱满;而成长,让他骨骼健硕、身体轻盈。

人,除了飞翔的梦想,还需要具备飞翔的能量。

1903年12月17日,美国莱特兄弟发明的"飞行者一号"在最后一次试飞中,用59秒飞了260米。虽然接下来的狂风掀翻了飞机,但它已经完成了历史使命,拉开了人类动力航空史的帷幕。但是关于飞翔的梦想,早在20多年前已经萌发。兄弟俩不断筑梦,不断朝梦想出发,终于成为被历史铭记的人。

成杰也像莱特兄弟一样,有一个关于飞行的梦想。17岁的成杰,梦想飞出四川大凉山;21岁的成杰,梦想飞上舞台,成为一名演说家;26岁的成杰,因捐建101所希望小学的梦想而腾飞,创立了巨海。

从生命绽放、腾飞的那一刻起，人们渐渐灵魂饱满，内在丰盛。

内在丰盛不是一个虚拟的解读，而是一种具象的呈现；它不是物质的炫耀，却离不开商业的支撑。内在丰盛的人淡定从容，处变不惊，因为他们有足够的智慧去解决当下一切问题；内在丰盛的人充满安全感，这种安全感来自强大的精神内核和丰沛的经济基础；内在丰盛的人执着而坚毅，他不被他人与环境影响，能守住自己的梦想和初心。

有人问成杰，2020年的风口是什么。成杰笑答，成长自己，把成长自己变成人生的头等大事！言下之意，如果自己不够优秀，再好的风口也跟你没有关系。

跟风仿佛已经成为当下的一种流行病。如果不跟风，就会觉得全身不适；如果不跟风，就仿佛会被时代抛弃。成杰也顺应时势做直播课，但他明白这只是非常时期的一种手段，以及传播方式的一种增量。教育的本质是思想，是智慧，是精神，是影响，是浸透，是感染。所以，从2020年开始，成杰加强了落地服务这一板块，到多地走访，下沉市场，服务顾客。服务顾客，恰恰也是对自身团队的成长与磨炼，体现了真正的知行合一。

关于"内在丰盛"，成杰总结了八个字："向内生长，向下扎根。"真正的成长，不是一味地加快速度，而是像毛竹一样，用漫长的时间培育出发达的根系，然后在某一个春天，用它成长的速度震撼所有人。

03

恩师李燕杰教授过世数年，但成杰每每忆起他，总会想起他5万多册的藏书和与丰富的藏书相匹配的丰盛灵魂。晚年的李燕杰教授仍然每天坚持早起，手写文章，并坚持给身边的人写信。李燕杰教授的一名学生会定期将这些文章打印出来，再加上一个封面，做成蓝皮书。

李燕杰教授很高兴，就把蓝皮书放在书房里，送给来访的学生们。

在成杰眼中，李燕杰教授是多元的：作为演说家，他风趣、有哲思、有创新；作为教育家，他博学、睿智、有担当；作为作家，他勤勉、高洁、深刻。

李燕杰教授出生于国学世家，是当代为数不多的集哲学、美学、心理学、教育艺术、书法、易经学问于一身的知名学者。自登上社会演讲的舞台，他足迹遍及"地球村"，访问了800多座城市，演讲了8000余场，吸引现场听众500多万人次。此外，他还著书50多本，创作诗歌3000余首，创作书法20000余幅。这些作品同样深受大家喜爱。

成杰花了4年时间采访恩师，为恩师整理了毕生思想和智慧，为他出版了书籍，并于2016年捐建了巨海李燕杰希望小学。

成杰永远记得李燕杰教授留下的那句话："智慧而淡定，仁爱而持重，勇决而从容，博识而谦恭。"那是李燕杰教授的自画像，也是成杰从此对于"内在丰盛"的理解。

他曾仰望过李燕杰教授的成就，就像仰望着一座高不可攀的山峰。这座山峰崎岖险峻，常人难以到达。当成杰有一天穿过重重险境，披荆斩棘到达人生的某个制高点时，他终于体验到生命的极致之美：与其仰望星空，不如俯瞰山河。

与多年前那个初入社会、如履薄冰的少年相比，成杰仿佛已经跨越了一个光年。他的身体不断奔跑、跳跃、腾飞，他的思想不断接纳、反思、沉淀。他像翱翔在天空的鹰，机敏而勇猛；他像游走于深海的鱼，沉稳而智慧。

成杰更愿意把生命比作一朵花。他喜欢荷花。荷花宁静幽远，不枝不蔓，能代表一种宁静之美。有时候他在办公室忙碌，想起空中花园的荷花正在盛开，仿佛闻见它的清香，顿时情绪舒缓。他喜欢百合。

百合的香气能让他精神倍增。这是一次课后学员送他百合带来的善缘。

如果说荷花有疗愈人心的能量，百合就是催人奋进的力量。它们的绽放，是属于花朵的战斗，在百花园里争得一方自在天地，不误花期，不误此生。不过，绽放的前提，仍然是学习做一个内在丰盛的人。而要做一个内在丰盛的人，就需要做好以下几件事。

第一，日日精进。

我们每时每刻都要成长自己，精进自己，超越自己。

第二，向上向善。

人生最大的财富是智慧，人生最高的美德是慈悲。

第三，做正确的事。

人生只有做正确的事，才会有光明的未来。

第四，做好自己。

做好自己，即是爱与贡献。

第五，做好当下。

做好当下，即是美好未来。

做好自己，做好当下，做好每一件小事，才能塑造更好的生命。

进：乘风破浪的"艾丽"们

01

2020年6月,一个叫《乘风破浪的姐姐》的综艺节目开始在芒果TV播出。这些年龄30+的姐姐,再次刷新了人们对女性的认知。她们美丽、健康,她们有趣、有识,她们无惧岁月、不畏结果,只愿在属于自己的舞台上绽放耀眼的光芒。

同样是6月,另一位"乘风破浪"的姐姐,聚亿美教育咨询有限公司(以下简称"聚亿美")董事长艾丽完美地结束工作,开始休产假(这是她与巨海结缘后的第二次产育)。5月28日,她按照日程表完成了生产前最后一次课程。课程结束后,她召开会议,安排了接下来1个月的工作。5月29日,与团队聚餐,完成了生产前所有的工作计划。5月30日,入院。6月1日,迎来了可爱的孩子。

整个孕期,艾丽从未停止工作。她明白,从科学的角度来看,怀孕、生产不过是生命必然的过程。她并没有因为怀孕耽误工作,而是怀着对身边人和下一代的责任感,让自己孕期的工作更有紧迫感。由于所处行业(美容行业,简称"美业")的从业人员大多是女性,也会面临这些人生重要的时刻,艾丽常常分享自己的经验:创业需要一种平衡能力,如果不能平衡,创业就会成为一个笑话。

"人生排满,才能圆满。"艾丽喜欢自己的每一个时间缝隙都被工作与梦想填满,而不是每天一早起来茫然四顾,感叹人生虚妄,无所事事。这种圆满就像一个农人穿过泥泞的四季,看到田园丰收、稻谷金黄;这种圆满是一个离家多年的旅人,经过几千或上万公里的飞行,终于踏上故乡的土地;这种圆满也是迈过岁月坎坷、努力奔跑之后,终于到达幸福的彼岸。在艾丽看来,一个人最拼命的那段岁月,才是最值得回忆的人生经历。

"拼命三娘"艾丽出生在安徽农村,家庭的贫困让她不得不在初一就放弃了学业,十几岁就开始打工养家。尽管生活不易,但从小就爱漂亮的艾丽也不曾放弃自己的梦想——开一家美容院。

年少时的艰难磨砺出她果敢坚忍的意志,经过不懈的努力,艾丽实现了最初的梦想,有了一家300平方米的小店。随着事业的逐步发展,艾丽扩大了经营规模,有了1000平方米的办公环境,也拥有了20余人的团队。但创业如登山,必须一面向外发展,一面向内储备,否则一旦出现问题,就会给公司带来滑向低谷的风险。

2017年3月,艾丽已经怀有9个月的身孕。此时,企业发展出现了瓶颈,团队一盘散沙,艾丽自己身心俱疲。

在临盆前夕,从来没有放弃过学习机会的艾丽走进了巨海"商业真经"的课堂。她第一次明白了,什么是领袖的力量。当成杰在如雷的掌声中走上舞台,用或从容或铿锵的演讲点燃全场;当巨海的团队雄姿英发,展现出蓬勃向上的精神;当少年失学的悲伤和捐建101所希望小学的梦想被放在同一条时间轴上,艾丽意识到,自己接下来的人生可能会被重启。

02

课程结束后,艾丽回家生产,但她购买了大量成杰创作的书籍和视频,在产假期间就开始慢慢阅读与学习。那些蛰伏在血液里的成长愿望,和成杰每一句打动自己的智慧心语一起,如清澈的泉水向艾丽涌来,让一度疲惫的她瞬间又拥有了奔向大江大河的力量。

哪怕只是独自学习,艾丽也惊喜地感受到了自己的变化:她的情绪变得高昂而稳定,内心变得丰盛而宁静,精神变得愉悦而饱满。过去,她偶尔会抱怨命运的不公,会感叹幼时贫困生活艰难,会感怀初中辍学而缺少学习基础。但彼时,她循着成杰成长的轨迹,开始感恩那些衣食无着、孤独求生的岁月。苦难让她学会坚强,学会独立思考,学会在风雨大作时积蓄能量,等待晴空万里。

成杰说,学习是建立自我的过程,是能量汇聚的开始。那一个月的时间,艾丽相信自己不但生育了孩子,还完成了自我的更新。

产后复工的艾丽迅速带着20多名员工到巨海学习,自己也加入了巨海智慧书院,成为成杰的嫡传弟子及巨海安徽分公司的联合创始人。她开始不间断地进行演讲训练,她的思维和行动都发生了翻天覆地的变化。学习后的艾丽迅速从以下几个层面收获了不错的成果。

第一,思想境界上升到了一个新的层次。

过去的艾丽在管理上以自我为中心,凡事亲力亲为,自己辛苦不说,团队也始终缺乏核心竞争力。如今的艾丽知人善任,将巨海的人才培养和管理复制到聚亿美,拥有了各方面都过硬的团队,并使企业发展上了一个新台阶。

第二，成功运用"一口井打到底"，让企业业绩更上一层楼。

经营就要"一口井打到底"，像成杰一样学会专注，一生只做一件事。艾丽聚焦在美业教育领域，坚持公司的使命——让中国美业受到世界尊重，3年时间便将业绩从不到20万元提升了数百倍，从租赁办公到自购面积达两万平方米的办公楼，从1家公司发展到7家分公司，让自己旗下的聚亿美成为中国美业的传奇。

第三，要照耀别人，需要先看到自己。

艾丽发现，要想像成杰一样活成一束光，去照耀更多人的生命，首先要看见自己，不断提升个人能力与自我价值，在事务上拥有独立清晰的逻辑与判断。知道我是谁，我想成为什么样的人，才能去发现一个更好的自己。

第四，学会传道分享。

从操着家乡口音的非标准普通话到能字正腔圆地进行震撼全场的演讲，艾丽用连续479天近乎苛刻的练习，成为成杰最骄傲的学生之一。通过演讲，她令聚亿美的会销成绩达突破了八位数；通过演讲，她获得了无数业界赞誉，也令聚亿美获得了巨大的品牌效益。艾丽从来没有想过，只有小学文凭的自己会登上一个又一个的舞台，成为优秀的演讲者和教育从业者。

在艾丽看来，女人一生有四次机遇：第一次是出生，第二次是学习，第三次是婚姻，第四次是创业。因为巨海，她把握住了学习和创业的机遇，成功实现了自己。现在，她可以骄傲地跟自己说，学习能力比学历更重要。

无论是艾丽，还是成杰，或者有幸在象牙塔里学成归来的你，都该明白，求知这个领域永无边界。

03

成杰说，领导者的一切问题，都是能量的问题。艾丽相信，每一次学习都是一笔巨大的存款，为自己的成长投资，才能为梦想埋单。每日求知为智，内心丰盛为慧。只有不断地学习，才会让我们内心丰盛、能量充沛。

从单纯爱美想开一家美容院的小姑娘，到叱咤教育培训领域的企业导师，艾丽活成了真正乘风破浪的姐姐。

阅读让艾丽眼神清澈，阳光明媚；演讲让艾丽声线迷人，气质卓群；成长让艾丽内心圆满，无所畏惧。过去的艾丽觉得，长得好看，妆容精致，穿着华丽便是美。现在的她相信，真正的美，是不断探索的勇气，是持续向上的恒心，是心怀天下的慈悲，也是向内观照的智慧。美是一辈子做一件事，看似简单，实则丰富。

2018年12月19日，聚亿美向上海巨海成杰公益基金会捐款100万元，为巨海捐建101所希望小学的梦想增加了一份熊熊燃烧的能量。就在一年之前，艾丽坐在舞台之下，听成杰分享捐建希望小学的梦想时，觉得自己与成杰隔着很远的距离。她只是梦想着有一天，可以站在舞台上，通过演讲成为可以发光的人；她没有想过这份光芒，不仅来自卓越的口才，还来自一颗为国为民、悲天悯人的赤子之心。

也许，我们都是银河系里一颗微不足道的星星，但是当我们能够吸收到宇宙的能量，就该竭尽所能像太阳一样发热、发光。学习到成杰的生命智慧，投身到巨海的能量池，艾丽带着自己的团队驰骋商场，更把宽广与无私的大爱传递到身边的每一个角落。把爱传出去，生命才会更精彩。她终于懂得了爱的意义。

2020年初，新冠肺炎疫情发生后艾丽迅速在聚亿美各部门、分校、子公司发起了募捐行动，她自己和几位高管率先捐款 10 万元，整个团队向武汉慈善总会捐款 200 余万元。

生命是一个不断轮回又不断往前的过程。2020 年 6 月，正在休产假的艾丽似乎又回到了 3 年前。除了用半个月调理身体，她每天都用 10 个小时阅读。不同的是，3 年前的她带着更多的期待和焦灼，此时的她更加温柔而笃定。

在巨海，有许多和艾丽一样乘风破浪的姐姐。她们在服务体系中为顾客体验默默耕耘，在社交媒体上为品牌输出持续发声，在销售市场为商业运营快马加鞭。在助推巨海企业愿景的道路上，她们用女性独特的学习力与创造力实现了一个又一个传奇。她们长得漂亮，也活得精彩。

就如同艾丽在"巨海 101 故事"的视频中讲到的那样，生活从来不曾因你的性别和长相而区别待你，但你若敢打敢拼，奋斗出一番事业，能将你骨子里的自强和坚韧变现为实体，那么这张流着汗的脸最美。

愿你乘风破浪，愿你内在丰盛，愿你的生命像"艾丽"们一样绽放。

净：寻找心灵的自由

01

2014年5月23日，"商业真经"的课堂上，来了一位叫丁海燕的企业家。她安静地坐在课堂上，与周围热情奔放的学员相比，显得格外冷静与理性。也许在别人眼里，她事业成功，家庭稳定，生活美满，只有她自己清楚地知道，自己面临着人生的又一次选择。她是来巨海寻找如何继续走下去的答案的。

课堂上，丁海燕听到了成杰的奋斗经历，一度有些抗拒的她仿佛看到了多年前还在老家江苏启东的自己。

丁海燕的父母都是乡村教师，希望她能好好学习，学有所成，但丁海燕自小叛逆，并不把父母的教诲当回事。当年的她成绩平平，也并不在意。某天，她像往常一样在河边洗衣服，疲倦的时候抬头看了看通往县城的路，突然有了个想法："我要顺着那条路，走出乡村，走向自由。"此后，她开始努力学习，如愿考上了师范大学。

从2000年辞去教师的工作，和丈夫一起到上海创业开始，她就似乎搭上了时代的顺风车，也享受到了政策的福利。创业让她拥有了不一样的视野、丰富的社会关系，以及一往无前的奋斗精神。但当时创业，仅仅是为了提升生活品质和实现个人目标。

当房地产行业的红利渐不如前，业务的无序增减和管理水平的薄弱混合发酵到一定程度，丁海燕的企业开始面临管理脱节、人心涣散的问题。与此同时，与她携手创业的丈夫已经无心事业，从小乖巧的儿子也到了叛逆期。各种矛盾和问题纷至沓来，丁海燕一时无措。

情绪翻涌，思想枯竭，她想不到更好的办法，可以让自己在时代更迭的浪尖保持平衡与智慧。她像一只迷路的小鹿，独自在黑暗森林里徘徊，却找不到通往阳光的路径。直到她第一次听到成杰的演讲，她在他的身上看到了正直、圆融、善良，她在他的故事里感受到了成长、奋斗、蜕变。

境无好坏，唯心所造；相由心生，情随事迁。丁海燕突然明白，我们改变不了他人，但是可以通过改变自己的态度，来改变人生，甚至改变世界。

02

连丁海燕自己也没有想到，不过3天的学习，自己的内心就发生了奇迹般的改变。她不再焦虑，而是将注意力聚焦到当下的使命中；不再愤怒，因为愤怒只是无力的表现。她像一股左突右奔却总是找不到出口的泉水，在被赋予梦想与能量之后，成了一条清澈的小溪，用智慧寻找方向，用认知突破边界，奔向更广阔的水域。

如果巨海可以改变自己，就一定可以唤醒更多沉睡的人。在丁海燕的努力下，当年6月初，丈夫和她一起来到了巨海的课程现场。

有时候，人们常常为当下的认知所困，沉醉在各种狭小的空间里，忘了生命有着更高的使命与意义。捐建101所希望小学的梦想，让沉醉在小我中的人们被唤醒、被震撼。丁海燕一家三口报了"演说智慧终极班"，开始了在巨海的学习与成长。

从过去的无聊、放纵回到简单、美好的课堂，丁海燕的丈夫开始享受被智慧填满的生活。他不但迅速提升自己，成为第30期"演说智慧"的演讲冠军，更学会认真经营家庭，表达爱，给予爱，和丁海燕一起寻找内心的圆满。

而丁海燕的收获，是在演讲舞台上找到了一个光芒万丈的自己；是在企业发展的破局中看到了教育的力量；是在寻找生命价值的过程中有了更崇高的信仰。

与丈夫一起学习之后，丁海燕决定开始人生的第二次创业。企业还是那家企业，团队还是那个团队，但领导者不再是当初的领导者。丁海燕和丈夫开了一次员工大会，分享了自己的学习心得和企业发展的新目标。她把在巨海的学习结果迅速复制到自己的企业中，也将成杰提点的生命智慧写进企业发展理念，并有了显著成果。这些发展理念，具体来说，包括以下几个方面。

第一，放大企业格局。

如果说过去创业是为了一个家族，现在创业则是为了所有的员工，为了社会、国家的发展，为了让更多人获益。

第二，打造学习型企业。

彼得·圣吉说，基业长青的公司都是学习型组织。如果说过去是盲目的勤奋，那未来就必须有目标的学习和成长。

第三，设立企业愿景。

走向行业的头部，要成为行业的标准，更要率先设置高水准的产品标准和服务标准，让企业员工工资高出同行业标准，也要帮助企业员工实现个人梦想。

第四，坚持长期主义。

许多企业坚持不下去，其实是老板坚持不下去了。责任、梦想、持续不断的学习，让企业更具有使命感，也让企业有了落地生根的能量。

第五，心有大爱，情系苍生。

在成杰身上，丁海燕学到的是，生命有限，但大爱无边。跟随巨海学习之后，她为位于绵阳市的巨海统帅希望小学捐建了一所卡夫图书馆，让自己的奋斗更有社会意义。

03

从 2000 年创业开始，因为陷入生意的琐碎，整整 15 年时间，丁海燕再没读过一本书。自从进入巨海学习，她又开始拿起了久违的书本。成杰推荐她读《道德经》。起初，她觉得深奥难懂，但随着在巨海学习及践行的深入，丁海燕渐渐从《道德经》中获得了朴素的人生智慧与丰盛的生命能量。

她发现自己的眼睛重新变得清澈，看得清天边的飞鸟；听见自己的心脏跳动强劲，足以平息一切动荡；感到自己身体轻盈，可以奔向生命中的每一处美好。

英国哲学家弗兰西斯·培根在《论求知》中谈到了阅读的益处："读史使人明智，读诗使人灵秀，数学使人周密，科学使人深刻，伦理学使人庄重，逻辑修辞之学使人善辩。"

抱朴守拙，去伪存真。丁海燕彻底将过去清零，大步奔跑，将曾经那个内心枯竭、情绪焦灼的自己远远甩在了身后。她像曾经的成杰一样，用阅读的趣味丰盛内在，用演讲的练习磨炼口才。从一上台便手足无措到如今风姿绰约、妙语连珠，丁海燕实现了人生又一次的完美蜕变。

在接下来的顾客答谢会和招商会议中，丁海燕用跟成杰学习的演讲技巧，仅仅花了40分钟时间，就实现了相当于过去1个月的销售额。

真正的学习，不仅仅是为了春天的生长，夏天的绽放，更是为了秋天的丰收，冬天的蕴藏。丁海燕喜欢站在演讲舞台上的自己，将那些走过的路、读过的书、见过的人，用诗意的表达、起伏的旋律、坚定的信念融入演讲词里，娓娓道来。她既强大又温柔，既博识又谦恭，既光彩夺目又温润迷人。

与此同时，曾经叛逆的儿子在共同学习与幸福的家庭氛围里，与父母联结起更深层次的亲情，对世界有了宏大而温暖的认知，自身也有了令人惊讶的成长。他是丁海燕口中的小暖男，也是丁海燕在奋力拼搏之后来自家庭的又一次圆满与慰藉。

成杰说，问题就是礼物，礼物的好坏不在问题本身，而在于我们以怎样的态度对待问题，以怎样的方法解决问题。丁海燕从成杰那里得到了一生最宝贵的礼物，那就是在学习中找到了心灵的自由。它让我们心怀天下，不为一己私利所困；让我们生而有涯，但学无止境；让我们与时代竞跑，也能做时间的朋友；让我们的生命绽放，如恒星般闪耀；让我们在混沌的宇宙天地间，因生命智慧的照耀，独立思考，自由飞翔。

境：会当凌绝顶，一览众山小

01

2020年，电视剧《隐秘的角落》带红了一句台词——"一起爬山吗"。它出自剧中人物张东升之口。这个角色完美地诠释了一个内心缺少爱与安全感，把人生所有希望都寄托在伴侣与婚姻上的孤独形象。他害怕失去，自身却不够强大，只能以剥夺他人的生命来维护自己卑微的尊严。

很多时候，精神的贫穷，比物质的匮乏更容易令人沉沦与迷失。与其把命运捆绑在他人身上，不如不断丰盛自己，再享受生命的馈赠。

从出生开始，成杰就像一棵倔强的仙人掌，努力从大凉山的泥土里汲取生命的营养，从父母的慈爱中感受情感的温度，从丰富的阅读里感知世界的广袤。

对成杰而言，未来是一座座未知的山峰。第一次离开大凉山，向更高、更远处的山峰攀爬是出于生存的本能反应，是为了寻求相对肥沃的土地。进入教育培训行业之后，成杰离开绵阳，向南京、上海进发，他即将面对的一座座山峰，不为温饱，不为苟活，只为寻找更好的自己。

2008年，成杰开始攀登创业这座山峰。巨海成立之初，万般皆难，成杰面临着缺少创业资金、顾客资源稀缺、员工收入微薄、团队人心不稳等诸多问题。巨海仅仅创立半年，成杰的一位助理，也是他的好战友向他提出了离职。成杰很难过。他在手机上给助理写了很长的一封信，写信的时候，想起曾经共同奋斗的时光，甚至忍不住落下泪来。

信中，成杰诚意挽留，希望这位战友能和巨海一起战胜创业初期最艰难的时刻，一起去寻找心中的理想国。助理最终离去，成杰明白，不是所有的人都有"一览众山小"的人生愿景。但他愿意忍受暂时的孤独，去探索生命的本质。事实上，在翻越了数座山峰之后，越来越多的人开始与巨海携手同行。

02

"为什么要登山？因为山就在那里。"著名登山家乔治·马洛里用这样一句话诠释了登山的魅力。

许多企业家都喜欢登山。比如，王石把登山当作对自我的提升，当作一种积极的人生态度；张朝阳把登山当作一种对现实生活的挑战，去寻找更多的希望与机遇；探路者董事长王静把登山当成克服极致的困难、找到极致的美景和最初的自己的途径。

而把这些企业家当作榜样的成杰，也常常去爬山。早在绵阳工作时，他就常常在早上登上普明山练习演讲。站在山头，被初升的太阳照耀，昨天的苦难像晨雾般消散殆尽；风灌进他的衣领，让他格外清醒，探索未知的欲望更加强烈。只有站在山顶，才能看到更远的世界；

只有站在山顶，他才相信所有命运的不公，都会因努力向上而成为过去；也只有站在山顶，他才能潜下心来，寻找生命中一切的可能性。

后来成杰也常常带领巨海智慧书院的学员去一些名山大川游学。登顶峨眉，守候金顶的日出与生命的宏大；问道九华山，在佛教圣地参悟大道至简，一路往前；相约蒙顶山，向古老的茶文化致敬……

成杰相信，企业家精神就是一种登山精神，这种精神令人能量充沛，内在丰盛。如何拥有企业家精神，成杰有以下建议。

第一，艰苦奋斗，持续奋斗。

当年创造了玉溪卷烟厂辉煌时代的褚时健，在74岁高龄重新创业，于云南哀牢山上种下了褚橙，创造了又一个品牌的神话，也创造了属于自己的生命奇迹。

第二，创新创造，求知求智。

这个世界上没有一条河流是相同的，也没有一座高山是相同的。任正非、李彦宏、稻盛和夫、李嘉诚，他们在登顶之后，从未墨守成规、停滞不前，而是不断寻找另一座山峰。

第三，携众前行，共攀高峰。

一个人的风景或许精彩，但终将孤独。将个人的事业变成众人的事业，将一个人的梦想变成更多人的梦想，才会享受到更大的成功，才会感受到生命极致的丰盛与美好。

第四，向上而生，向善而行。

企业的价值观往往决定了企业发展的上限，历久弥坚的企业大都秉持着向上、向善之心。有了明确的价值观，选择做正确的事情，才能实现正道成功。

第五，爱国敬业，产业报国。

登高望远，一览山河；侠之大者，为国为民。做企业要怀揣一份英雄主义，具有一种伟大的使命感，将企业带上事业高峰、产业前沿，以一颗赤子之心，毕生之力推动国家进步、社会发展。

03

许多人一生追求物质的富足，却往往忽略了内心的丰盛。真正的成功与圆满，是由内而外的寻找与突破。人们曾经用鸡蛋来比喻生命形态：从外打破是食物，由内打破是生命。对于混沌世界，你若停滞不前，畏首畏尾，终将会在残酷的生存法则面前败下阵来；若是主动突破障碍，冲破黑暗，你便有了向上生长的力量。这种力量既让人强大，又让人温柔；既让人执着，又让人洒脱。

前段时间成杰去西安，一位叫陈婧的学员接待了成杰一行人。在很多人眼中，作为一名成功的女企业家，陈婧完全有资格恣意地享受人生，但她还是选择花费大量的精力和金钱用于学习。当初许多人不理解她为什么这么做，陈婧却笃定地说，成杰老师不会做坏事，学习也不是坏事。

这一次在西安见面，在观察细致入微的成杰眼里，学习后陈婧又有了明显的变化。她变得自信，这份自信赋予女性一种与岁月共同成长的温润，一种不惧未来的勇敢；她变得自在，这份自在是时间的礼物，是善良的福报；她变得自如，这份自如是商场上的游刃有余，是学习上的积极向上，也是生活中的从容洒脱。

成杰说，在顺境中借势而行，在逆境中苦练内功。事业顺遂之后，更应该主动选择持续向上，追求极致。总会有一些时刻，让不甘平庸和平凡的你看见山花烂漫，听见山泉淙淙，迎来壮丽风景。

人生无常，每个人的一生中都会遇到无数选择题。选择消极、随缘，或许会成为平庸的自己，也可能成就平静的人生；但选择积极、向上，成就的一定是绽放的自己、丰盛的人生。

在人生的闲暇与空白处，有人用喝酒来麻醉自己，遗忘痛苦；有人用购物来奖励自己，换取满足；有人用打牌来刺激自己，不去考虑明天……人们都想填满这些空白，但最后，痛苦的更痛苦，疲惫的更疲惫，空虚的更空虚。

有人问："成杰老师，你似乎永远在工作，你不觉得无趣吗？"成杰回答："生活之趣大多在学问与阅读当中。"

读书尽兴时，可以超越时空，忘记身外的世界。就像当年在学校寝室秉烛夜读，置同学喧哗于不顾；于工厂寝室手捧书卷，置工友嘲讽于不闻。而如今只要读到一本心仪的书，便可于紧密的工作节奏与疲惫的忙碌之后，还自己一份心的安好。

说起如何养心，成杰分享了让自己喜悦而丰盈的日常。

一是阅读经典。

经典名著里，可以品百味人生，可以让人足不出户尽赏大好山河。它们有触碰灵魂、丰富生命的魅力，也有连接历史、跨越时空的魔力。

二是静心打坐。

打坐可以平衡身心，调节情绪，可以让人暂时从紧张的工作中解脱出来；也可以通过短暂的时间与自我对话，净化内心，去除私欲。

三是与智者对话。

"蓬生麻中，不扶而直；白沙在涅，与之俱黑。"与智者对话，谈论的是大道，是真理，让人喜悦而高尚。

四是爬山登顶。

多年来，成杰若有时间，一定会就近去爬一爬山。仁者乐山，以山为志，人往高处走，心性也更加高远。

2022年，成杰进入教育培训行业已经19个年头。择一事，而终一生，不为繁华易匠心。19年之后，成杰依然站在培训的舞台上，用生命智慧去唤醒混沌中的人。坚持以教育为根，坚持以实业为本，坚持以金融为势，坚持以慈善为魂，带着这四个"坚持"，成杰乐此不疲，勇往直前。

08 生命的幸福在于用心经营

静：做自己幸福的投资人

01

投资人吉姆·罗杰斯的投资名言是："投资自我，经营自己。"巴菲特也说："最好的投资，就是投资你自己。"从最早用以物换物的形式进行商业活动开始，人类就开始在投资自己的幸福。从衣不蔽体、食不果腹到拥有各种生活所需的物品、获取更多的社会资源，人类愈加有智慧，也愈加懂得追求更高级的生命质量。从某种意义上讲，经营推动了商业的发展，也创造了人类的幸福。

父亲过世近10年，成杰依然会想起他传授给自己的幸福投资之道。

一是在劳动中创造属于自己的幸福。

成杰幼时家里生活拮据，但在父亲的经营下还能维持在温饱线之上。父亲种的地收成比别人的都好，别人以为是成杰家的土地肥沃，却不知道只有"精耕细作"这个词，才配得起"丰收"二字。父亲还是家乡盖房子的一把好手，农闲时候用自己的好手艺，为家庭经济添砖加瓦。此外，父亲还养鸡、喂牛……这些劳作增加了家庭收入，也增加了成杰的童年乐趣。

二是体味舌尖上的幸福。

成杰上初中时，家中一个星期最多能够吃上一回肉，但家里的厨房在记忆里永远飘着香气。成杰最爱父亲烙的饼。将柴火烧热的铁锅抹上少许菜油，淋上调好的面糊，摊成饼状。待面饼煎到两面金黄，便可以吃了。咬上一口，酥香满口。父亲偶尔会煮一点儿肉片汤，汤里的肉总是被成杰捞得干干净净。多年后回忆起来，这些都是满满的幸福。经济能力有限，父亲却擅长计划，懂得合理分配资源。这些由父亲烹制的食物，是贫苦生活里的增味剂，也是苍白日子里的调色笔。

三是努力经营家庭的幸福。

父亲在一个不被重视的家庭环境里长大，所以更加用心为家人营造温馨、和谐的家庭氛围。他也与亲戚邻里保持着良好的人际关系，热心帮忙，受人尊重。虽然没读过书，但父亲用自己的善良品格以及人生态度引导成杰，比如待人要真诚，为人要正直，说话要谦逊，做事要实在。

这些看似朴素但厚重深远的人生哲学和生活智慧，与父亲的样貌一起，深深烙在成杰的脑海里。成杰像父亲一样在世间坚强地行走，像父亲一样温润待人，更像父亲一样努力经营好自己的家庭。

多年来，无数前往巨海学习企业经营的顾客，大多有了意外的收获，那就是懂得小到家庭、人际关系，大到企业、人生梦想，都需要规划与经营。而这些都得益于成杰从小对幸福的感知，以及成长后对幸福的理解：生命的幸福在于用心经营。

02

小时候的成杰常常坐在家门口发呆,看着天空的云一朵连着一朵,一直连到天边。他在想,如果能像孙悟空一样翻个筋斗云,就可以去自己想去的地方了。他并不知道自己想去哪里,但他相信,那里或许会有更多的幸福。

什么是幸福?这是许多人一生都在思考的问题。

小小的成杰想得很简单,幸福就是每顿饭都有肉吃,能穿上新衣服,天天都像过年。

上学了,成杰觉得,有书可读、有学可上就是幸福。

离开学校了,成杰觉得,能找到一份不错的工作,做自己喜欢的事就是幸福。

有一天,当成杰听到人生的第一场演讲,他突然发现,幸福不是一日三餐、吃饱穿暖,而是一道光,可以照耀自己,也可以点亮他人。

至此,成杰带着幸福的使命感在教育培训行业里埋头耕耘、奋力攀爬。他从不讳言自己向往成功。成功是幸福的驱动力,它让人们在满足了个人的生存欲望之后,开始有了高屋建瓴的人生设计与宏大理想。

只有成功,才能跳脱物质的约束,去倾听灵魂的声音;只有成功,才能让自己能量充沛,持续追求更高的人生目标;只有成功,才能吸引更多优秀的人才与资源,帮助更多人获得幸福。

在追求成功和学习成长的路上,成杰也曾透支过大量的体力与精力。年轻就是奋斗的资本,他用自己的青春为巨海扎下一个坚实的基础,在中国教育培训行业竖立起一个正向、利他、坚持、忘我的榜样。他是一名优秀的企业培训管理专家,也是一名几乎让所有业内人都惊叹的时间管理专家。每天早上四五点钟就起床学习、锻炼，他要出席大量的会议、会谈，紧锣密鼓地开设课程，马不停蹄地走访企业……而这些投资的青春与精力，回报他以企业的成功及幸福的基石。

2020年7月，巨海在持续参与捐建贫困山区希望小学等慈善项目之后，又创立了一项专项公益基金：每年为上海101位贫困大学生提供资助，持续5年，共计160万元。慈善与公益给成杰带来的成就感，远远大于财富累积、企业发展带来的，因为他永远记得创业的初心与使命，就是捐建101所希望小学。而此次公益计划是对捐建希望小学梦想的一次升级，将帮助在学业上有所成就，却因家境贫困后继无力的学子获得持续向上的能量。帮助他们完成自己未完成的梦想，是幸福。

2020年，是巨海迈向转型的高速发展时期，酒店、文创让巨海实现了从教育到实业的变革，为巨海的发展增添了新的活力。崭新的巨海会为更多的顾客提供更优质、更全面的服务。这于成杰而言，是一种加倍的幸福。

03

"我们分担寒潮，风雷，霹雳；我们共享雾霭，流岚，霓虹。仿佛永远分离，却又终身相依。"这是著名诗人舒婷的诗作《致橡树》里的一段文字，讲述了一种美好的爱情观：两个人在一起，要获得幸福，就需要既能共享美好，又能分担艰难。

对此，成杰深深认同，并将其融入巨海的课程中。来巨海学习的企业家，其中不乏夫妻。他们在巨海的课堂上除了学到企业的经营管理之道，还深深明白了一个道理：如果不能经营好自己的家庭，即使把企业经营得规模再大、业绩再辉煌，也缺乏幸福的根基。

2012年，成杰与相恋5年的闫敏结婚。成杰倾慕闫敏的独立与聪慧，闫敏欣赏成杰的勤奋与自律。两个人的恋爱少有花前月下的缠绵，更多的是彼此支撑、共同成长的默契。有人说，没有冲突的婚姻，几乎与没有危机的国家一样难以想象。所幸两个人的恋爱，是伴着巨海一起成长的。因为工作的分歧，两个人有矛盾、有争吵，也像其他小情侣一样负气说过分手，但更多的责任与牵绊，随着岁月的沉淀和彼此的成长越来越厚重、深刻。

10年来，他们一面接纳不同，一面共同成长，并完美地将夫妻关系与事业合伙人关系融为一体，也为许多夫妻共同创业的企业家朋友提供了一套可供借鉴的婚姻经营法则。

首先，婚姻是一种契约。

诚然，与恋爱时相比，长时间的相守需要极大的耐心与恒心。导演李安曾在事业低谷时得到妻子的鼓励与支持，这让他在逆境中依然没有放弃自己的梦想。而他成功之后，也从未在娱乐乱象中迷失自己。夫妻不仅仅是伴侣，也是战友。

其次，婚姻是学校，每天都要成长。

许多夫妻当初情投意合，最终分道扬镳，不是感情淡了，而是有一方已经跟不上另一方的成长速度了。成杰认为，夫妻哪一方放弃成长，都是对婚姻的背叛。婚姻是一所学校，夫妻间彼此学习、相携成长，才能在漫漫人生中相扶到老。

再次，一张床，两间房。

夫妻关系是一种彼此守候又彼此独立的亲密关系。如果可能，给自己和对方都保留一个独立的空间。有时候闫敏的亲戚到家里来，成杰会礼貌地出去问候、寒暄一下，然后回到自己的书房继续学习。尊重、包容、接纳对方的一切，为自己的生活留出一间房，让家真正成为心灵的港湾。

最后,幸福就是平常心。

以不缺为富,以不要为贵。在巨海第一所希望小学捐建成功时,成杰和闫敏甚至还住在租来的房子里,但情感的和谐、默契,对人生梦想的一致性,以及因为儿子联结起来的亲情,让他们既富足又从容。如今共同的事业很成功,成杰依然纵情工作与成长,闫敏依然是那个独立自信、朴素大方的洒脱女子,这种不变才是无常婚姻里最难得的奢侈品。

巨海创业14年,在成就企业的同时,也成就了许多企业家的家庭幸福。在大多数人迷茫于寻找幸福的路径时,成杰早已找到了答案,并用两个字来概括——归心。具体来讲,就是用心感受,用心聆听,用心学习,用心经营。

其实,那些我们曾经觉得遥不可及的幸福,就藏在自己的内心深处。投资自己,经营自己,让自己成为世界上最幸福的人。

进：幸福的拐点

01

1972年，郭春蓉出生在四川乐山井研县，是家里最小的孩子。由于家里生活拮据，这个像凤仙花一样明丽的姑娘并没有得到很好的照顾，反而成了大人眼中多余的人。她无意中看到海报上的女明星，也会想，如果能有一条这样的裙子，该有多美。可她能得到的最多只是妈妈给的红头绳。不过，这些都没有妨碍郭春蓉对生活的热爱。

初中毕业后，郭春蓉不得不告别校园，回到田间地头干起了农活。她不怕日晒雨淋，用娇弱的身躯与残酷的命运抗衡。有时候，郭春蓉从地里抬起头来，看着屋顶上袅袅的炊烟，心想连它们也比自己自由。

当时，村里的姑娘嫁人是头等大事，漂亮的郭春蓉也按照当地的风俗开始了密集的相亲。很快，一名煤矿工人出现在郭春蓉和她的家人面前。彼时能在煤矿上班的工人，与在田里刨食的村民相比，条件肯定优越了许多。架不住父母的劝说，郭春蓉答应了和工人定亲。

也就是那一天，她突然觉得内心有什么东西在蠢蠢欲动。那种感觉无法言说，也许是压抑，也许是无助，也许是不快乐，也许只是不甘心。郭春蓉觉得，不能就这样把自己嫁出去，然后和祖祖辈辈一样过着一眼就能望到头的生活。

那天，她坐在床边，神情恍惚，不停地唱着《枉凝眉》。父母知道她不喜欢这门亲事，却没有想到她会因此情绪失控，赶紧答应她退了亲。

退亲的第二天，郭春蓉像平时一样挑着菜和水果去镇上卖。当时正值春节前夕，出去打工的老乡们陆续回到老家。从头到脚打量着那些拉着行李箱、衣着光鲜、笑容满面的返乡客，郭春蓉无心卖菜，心想：也许走出去，才能找到自己想要的幸福。

1992年农历正月十一，那天正好是母亲的生日。20岁的郭春蓉揣着50元钱，和一个同村的女孩离开了家乡。

02

郭春蓉花了10元路费，一路辗转到了成都。这是家乡四川的省会，哪怕举目无亲，但相似的口音和饮食习惯让郭春蓉并没有感受到太多的孤独与无助。她找了一家餐厅打工。店里管吃管住，还发工资，郭春蓉就这样在成都落了脚。

郭春蓉习惯早起，每天总是第一个到。餐厅在成都人民文化宫附近，她每天都会遇到一群白衣飘飘的老人在广场上练太极。那些矫健的身姿、泰然自若、沉着镇定的神情，常常让郭春蓉看得出神。

那时的郭春蓉彷徨于过去与未来之间，无所适从，但每每看到这群老人，都让她感到心神宁静，并且感恩于生命的种种美好。她足足在旁边观望了一个星期。后来，有位老人问她："小姑娘，你喜欢吗？"

郭春蓉点点头。此后,她加入了这些比自己年长半个世纪的老人的队伍,也成了人民文化宫广场上的一道风景。

多年以后,郭春蓉发现,那些老人不仅帮助自己学习了太极,更帮助自己学习了许多人生智慧。他们让郭春蓉学会如何接纳自己,让她明白无论何时何地都不要放弃成长与学习,也让她从原先的不善言辞渐渐变得在人际交往中游刃有余。

1993年,郭春蓉借了150元钱,去学习公共关系与口才的培训课程。在学习过程中,她认识了现在的丈夫。那时的他年轻有活力,对未来充满梦想与激情。他送了她一本书《我是企业家》,她看到了他满满的雄心壮志。两个对未来满怀想象与行动力的年轻人因为学习相爱了,并顺利步入了婚姻殿堂。

20年后,已经是四川锦荣春美业公司(以下简称"锦荣春")总经理的郭春蓉走进了巨海的课堂。与大多数走入巨海课堂的人一样,她是带着自己的问题来的。郭春荣想不明白,创业之初万般辛苦,两人相傍相依,充满默契;可是随着企业的成功,财富的积累,两个人终于过上梦想的生活,夫妻之间却开始出现各种裂痕与矛盾,一言不合便吵起来……这一切都让郭春蓉深深恐惧。

到底是什么地方出现了问题呢?

美国普林斯顿大学曾经做过一个调查统计。统计结果显示,人们的收入和主观幸福并不总是成正比,当收入到达一定水平,不管财富怎么增长,幸福感也不会再提高了。这个转折点在心理学上被称为"幸福拐点"。当幸福感不再增加,人们或许会另觅他途。如果一步踏错,就会带来更多的迷茫与失落。郭春荣夫妇就站在了幸福拐点上。

03

在进入巨海学习之前,郭春蓉与丈夫以为自己是成功的,但成杰的一句话打碎了他们的优越感:成功是人生追寻的旅途,幸福才是生命最终的归宿。

看着和自己一样赤手空拳从家乡出来打拼的成杰,看着不过 30 出头却已经成功捐建了好几所希望小学的成杰,郭春蓉在他身上找到了相似的背景,也意识到了无法超越的距离。如果事业上一点小小的成功就让自己停滞不前,甚至泥足深陷,那么多年前拼尽全身力气,想要寻找幸福的奋斗过程,又有什么意义?

2016 年 3 月 18 日,郭春蓉牢牢记住了这一天。对她而言,这是自己一生中又一个幸福拐点。她为成杰的故事感染,为巨海的使命震撼,更为自己一地鸡毛的生活羞愧。不过,她已经深深懂得:只要用心,就有可能;只要开始,就永远不晚。

郭春蓉和丈夫放下了之前的种种,一起在巨海开始了一段全新的生命旅程。这是他们继恋爱之后又一次在一起学习的时光,同门同修,同心同德。两个疏离已久的亲人又有了共同的话题与目标,彼此分享课程内容,彼此谈论学习体会。仿佛时光轮回,两个人似乎做回了白衣如雪的少年,找回了最初的温柔与感动。

不过 3 天课程,郭春蓉已经感受到生命智慧的巨大能量与魅力,但她不知道的是,为了获得"生命的幸福在于用心经营"这个看似平常却无比深刻的结论,成杰曾经付出过巨大的努力。

如果说爱情是天空刹那的烟花,那么婚姻就是人间朴素的烟火。前者只需要激情与浪漫,后者却需要一生的学习与实践。成杰和妻子闫敏也经历过情感的动荡期。因为工作,两个人曾经出现了似乎不可调和的矛盾，但所幸他们面对问题，都习惯了迎难而上，积极面对。他们研读了大量关于两性关系的书籍，并将自己在学习中的经验分享到课程当中，让更多家庭受益。

只有经营好自己的企业，才能去影响更多的企业家；只有经营好自己的幸福，才能去影响更多的顾客。郭春蓉和丈夫通过在巨海学习重新找回家庭幸福之后，也开始寻找更多生命的价值，并为企业赋予更多使命。和巨海智慧书院的师兄弟们一起去美国游学，参观星巴克总部的经历，让他们意识到了企业文化的重要性。

2017年，郭春蓉夫妇共同经营的企业锦荣春购买了新的办公楼，他们把一楼设置成为顾客提供泡茶、喝咖啡、品红酒的休闲空间，以及为员工提供免费午餐的餐厅，并开始推进为101位员工购车、买房的奖励计划。他们在巨海学习一年后，锦荣春的发展令人惊讶：2017年的业绩较上一年提升了50%，2018年、2019年业绩实现了持续增长。

生命轮回，学无止境。郭春蓉相信，重回巨海这所学校之后，在每一个幸福拐点，生命智慧都会清晰地给自己指出方向。

净：幸福的存钱罐

01

2020 年热播的电视剧《三十而已》里的女主角之一顾佳，无疑成了人们眼里的完美角色。她亦柔亦刚，能屈能伸，秀外慧中，德才兼备。不过，她最具光芒的一面却是她从不向外索求，而是向内探索，悉心经营，哪怕遭遇婚姻危机也具有的强大安全感。

遇事不推诿，做人不苟同，这份安全感让她在感情中拥有获得幸福的能力。她的安全感来自每每脆弱时父亲给她的定心丸："挺直了腰杆过日子，有什么事有你爸爸呢。"父母无条件的爱，便是儿女们向命运宣战时最强悍的底气。

多年以后，成杰始终保存着父亲留下的存钱罐。父亲在临终前，亲自将它交到成杰手中。这个曾经装过蛋白粉的罐子里，有两万多元现金和 5 万元的存折。这是多年来成杰交到父亲手上的零花钱，父亲分文未动。父亲说："我就想哪天你想回家了，我存点儿钱，也能做你安全的后盾。谁知道你会走到今天，会有今天的成就。"

一生贫苦的父亲，临终之际传递给成杰最贵重的财富，并不仅仅是一个存钱罐，更是柔软的慈悲，无私的忘我，长者的担当与责任，家人的呵护与期待。成杰每每想到它，都感觉到幸福满满，能量爆棚。

生命会消亡，青春会流逝，金钱会贬值，但人们获得幸福的能力，可以通过家风的浸染、家族的洗礼、家庭的教育代代相传，永不消失。

幸福其实就是一个存钱罐，需要点滴存贮，日积月累，用心经营。每一日，每一月，每一年，那些所有叠加的人生智慧与生活哲学，都在持续的存储中变得愈加厚重与深远，都可以让人们以云淡风轻、从容不迫的姿态享用每一分幸福的利息。

多年后，许多抱着来巨海学习个人发展、企业管理目标的顾客意外地发现，这家公司不但帮自己解决了企业经营问题，更能引导自己回溯原生家庭，梳理和反思对生命的理解。

生命智慧的启示，如同让人们在干涸的沙漠寻到泉水的源头，在板结的土地里挖掘到深藏的根茎，人们也开始询问自己：何为幸福？幸福在哪里？

因为感受到父母之爱的幸福，成杰在巨海推行孝文化，要求大家回家给父母洗脚。许多父母与子女在那一刻都被最温暖的爱唤醒，那些父母自己都习以为常的奉献，数十年如一日的劳碌，渐渐松弛衰老的皮肤，在这一刻被子女尽收眼底，让他们无限愧疚，也无限感恩。

因为经历过婚姻的磨合，成杰也鼓励顾客夫妻同修同行，同心同德，共同成长。在民营企业中，夫妻共同经营事业是常态，但因男女性别差异、视角不同常会给他们的亲密关系带来危机。选择共同学习，拥有共同的事业目标与人生境界，一起塑造更具发展眼光的企业文化与理念，能够让婚姻更稳固，也让事业更有后劲儿。

在成杰看来，生命就是关系，关系是互动的结果。幸福最重要的是有所作为。

02

2014年5月23日，一位从金华赶来的女老板出现在巨海"商业真经"的课堂上。她衣着朴素，貌不惊人，但彼时她和丈夫创立的"师大人家"快餐品牌在金华已经拔得头筹，并且有持续增长之势。

从1999年到2014年的15年间，这位叫戴春燕的女老板整天忙于他人的一日三餐，却疏于自我的学习和修复；只知核对财务数字的增减，却不懂企业的经营法则。沾染了一身烟火气的戴春燕偶尔也自嘲为"卖快餐的大妈"。由于看不到事业发展的方向，她渐渐没有了创业之初的热情，企业发展也遇到了瓶颈。除了赚钱，她找不到坚持下去的理由。

不行，不能让自己十几年的心血就这样付之东流。戴春燕开始想办法拯救自己的事业。一个偶然的机会，她接触到了巨海。与巨海的结缘，被戴春燕称为"在对的时间遇到对的人"。听到成杰的奋斗经历，她不由得想起了自己多年来的种种不易。

和成杰一样，戴春燕也是农家孩子。她从小生活在金华地区最偏远的下新宅村。父亲是工人，母亲务农，戴春燕是家里三姐妹中的老大。在当地的风俗里，没有男孩的家庭是被歧视的对象。作为大姐的戴春燕，从记事起，就一边带妹妹，一边做农活。做完农活，她打着赤脚踩在滚烫的田埂上回家，除了小心着蚂蟥，还要顾忌着水蛇。那份忐忑与恐惧，是一个女孩子的童年阴影。

她极度渴望走出乡村，走出这样的生活。读书是唯一的路径。她考上了当地最好的中学，继而考上了浙江师范大学。在这里，她认识了丈夫。毕业后，戴春燕获得了母校食堂的承包权，开始了创业之路。

"苦难是人生最好的礼物""学习是最好的转运""企业的问题，就是老板的问题"……当一系列智慧心语从成杰口中说出，戴春燕的心被莫名击中。身陷生意场中，她已经很久没有想起当年的自己为了改变命运是如何努力拼搏的。成杰的演讲给一向不善言辞的她带来了更多震撼。这么多年来，她很少和员工一起开会。她此前从来没有意识到，语言会有如此大的影响力。

3天课程结束之后，回到公司上班的戴春燕做的第一件事就是召集员工开会。在结结巴巴的演讲中，她开启了自己人生的第二次创业。这次创业是真正的修行，从个人学习到组织团队学习，从内部成长到外部呈现，都发生了翻天覆地的变化。

她变得沉稳而包容，放下自我之后，眼界变得更加宽广；她学会了分享智慧，共同成长；她学会了时时感恩，开始不断发现身边细微的幸福；最关键的是，从此"师大人家"不再只是一个快餐品牌，而是通过不断的技术升级和教育升级走上了平台发展之路。

"师大人家"创立15年，第一次有了企业文化。这份文化的基因来自巨海。就像树依恋着根，季节追赶着岁月，河流企盼着大海，两个月之后，成长迅速的戴春燕成立了巨海金华分公司。当真实地感受到在巨海学习的成果之后，她愿意把这份巨大的喜悦与成长，都分享给金华的企业家。

03

戴春燕初到巨海学习，丈夫方志刚是持怀疑态度的。作为一位睿智、理性、目标性极强的成熟男性，他对戴春燕付费学习这件事并不太看好。戴春燕邀他一起上课，他果断拒绝了；戴春燕投资100万元成立巨海金华分公司，他给予尊重，但内心仍不认同。

他用了整整4年的时间，看着戴春燕在员工培训上游刃有余，脱胎换骨；看着曾经自嘲为"卖快餐的大妈"的戴春燕被人尊称为戴院长；看着巨海精神在"师大人家"落地生根，使得"师大人家"服务水平提升，品牌效益倍增。向来处事理智的方志刚，终于从2018年开始和戴春燕一起，来到了巨海的课堂。

一个人的成长不是看他可以站得多高，而是看他能否放下过往的成功，将自己归零。

加入巨海的方志刚首先从作息上进行了全新的调整：每天5点半起床，打卡学习，适度锻炼。从此以后，他的工作与生活仿佛添加了润滑剂，日子饱满，充满激情。

在所有人看来，戴春燕和方志刚事业平顺，婚姻幸福，有一双乖巧的女儿，已经算是人生赢家。但到巨海学习之后，他们更加明白人生不仅仅需要创造个人价值、家庭财富，更要创造可以传承的幸福。在他们看来，要获得幸福，就要做好以下几件事。

第一，作为夫妻，要琴瑟和鸣。

方志刚的父母一生恩爱和谐，他与戴春燕也是相敬相爱，从来没有吵过架。父母恩爱、家庭幸福是一个家庭能提供的最好教育。这种教育带给后代的影响是极其珍贵的，他们相信，自己的孩子一定会因此拥有爱与幸福的能力。

第二，给子女最好的教育，从他们的生活中全身而退。

从脱离母体开始，孩子成长的整个过程就是不断脱离的过程。父母需要逐渐退出孩子的生活，让他们彻底成为独立的个体。戴春燕与方志刚可以赋予孩子的，是尽可能好的教育条件、朴素温善的家风、责任心，以及规划与创造力，而这些比留下财富更重要。

第三，要在事业发展中留下幸福的痕迹。

2019年，耗资2000万元的金华燕方归城市会客厅（以下简称"燕方归"）落成并开张营业。这是一家集苏式园林、徽派建筑风格为一体的精品客栈，戴春燕夫妇拿到了10年的经营权。有朋友说，他们这样的选择太吃亏，但对戴春燕和方志刚而言，燕方归不仅可以提升"师大人家"的品牌价值，更会为社会留下一座可以传承的美好建筑。这才是来世上走一趟留下的最美的生命痕迹。这才是戴春燕夫妇追求的幸福。

第四，升级自己的梦想，帮助更多的人。

从追求个人的幸福到帮助更多家庭实现幸福，这是方志刚与戴春燕加入巨海以后领悟的道理。在他们看来，到了一定的年龄和阶段，应该活得更通透，想得更明白。千山万水，不忘初心，这是教育的目的，也是巨海创立14年来从未改变的路径。

其实，每个人都拥有一个存钱罐，那些看似微不足道的成长、不动声色的情义、点点滴滴的积累、悉心经营的幸福，被存储在岁月深处和灵魂的底层。它给予我们跌宕人生里最平稳宁静的情绪，赋予我们庸常世界里最高贵的灵魂。

用心经营幸福，用心存储幸福，生命总有一天会给我们带来惊喜。

境：我们要幸福地去追寻幸福

01

2020年8月14日晚，巨海一门新开设的定制课程"成杰智慧宴"在上海和平饭店开课。成杰和顾客们一同入席，在美食、美酒的润滑下，放下师生间的拘束，畅谈企业的经营和发展之道。

和平饭店于1929年建成，有"远东第一楼"的美誉，迄今已经有90多年的历史。能在这样一家饭店开设新课程，成杰感慨万分。在传统与现代、新潮与复古融合的建筑里，他看到了时间如何点点滴滴地附着于一砖一瓦，如何将前人的功勋打磨成不朽的传奇。

这也是成杰到上海10多年来第一次有时间欣赏黄浦江的夜景。这些年，时间被工作折叠和挤压，他无数次地从上海起飞，去开拓巨海的事业疆土。在上海，除了在公司与家之间"两点一线"，他很少去其他场所。

成杰想起自己刚到上海时，在黄浦江边进行的101次演讲。那些每天早上风雨无阻、坚毅执着的练习,除了让自己具备勇闯上海滩的精神力量,更让自己逐渐拥有了可以在舞台上一站到底、炉火纯青的演讲功力。

多年后,有人问成杰:"我们应该怎样去追寻幸福?"成杰想了想,很坚定地回答:"我们应该幸福地去追求幸福。"

幸福是一种过程。古人说成功靠天时、地利、人和,成杰说成功需要努力、修为、造化。不同的境界获得不同的结果,能够主动追求幸福的人,本身就是一个具有幸福力的人;追求幸福的过程,远比获得结果的那一刻,更能产生幸福感。

幸福是一种智慧。明心见性,才能看到幸福。幸福需要不断地创造,创造财富,创造事业,创造家庭。幸福也需要不断地感知和庆祝。如果不懂得体会,不懂感恩,哪怕遇见幸福,也会和它擦肩而过。

幸福是一种认知。幸福是建立在自我认知和自我认同的基础上的。因为人欲望的达成就感到幸福,这种幸福感微弱而短暂;因为宏大的理想和为国为民之心而感到幸福,这种幸福感才会绵长而深邃。

幸福是一种累积。101次免费演讲,101次演讲练习,捐建101所希望小学……在追寻幸福的过程中,我们不知不觉已经获得了幸福的沉淀与累积。不断累积,又不断超越过去的自己,这种追求极致与卓越的幸福,才是生命最珍贵的礼物。

诗人麦克斯在《你应该努力追求幸福》一诗中写下了这样的文字:"在嘈杂和匆忙中,平静地前行吧,也别忘了在寂静中,能找到多好的安宁。"

幸福地去追求幸福,我们才可以在喧嚣的人世间,时刻保持清醒与平静。

02

2020年初,新冠肺炎疫情给世界按下了暂停键,巨海却站在顾客的角度,进行了全方位重新布局,提出了"教育为根,实业为本,金融为势,慈善为魂"的战略。从商业上,巨海在线下、线上双向发力,开始关注酒店业、酒业、大数据等。在后疫情时代,让自己站住脚跟、夯实基础,做好先行者,才能更好地赋能顾客。

在复工后的几次课程中,成杰真实地感受到顾客在经营方面普遍遇到的阻碍和压力,但他相信,这正是商业在回归本质的过程,需要大家将更多的注意力放到产品、品牌、团队、企业文化之上,需要大家更加务实、务本,以便去对抗那些对市场和未来的焦虑、迷茫、恐惧。

在过去的课堂上,针对企业经营问题,巨海做的更多的是传道。大道无形,道是规律,是关系,是因果。课程调整之后,巨海更多讲授的是术,术是方法,是策略,是技巧。从效果和周期来看,道来得慢,去得也慢;术来得快,去得也快。成杰明白,以术为攻只是非常时期面对市场危机的一种应急手段。实战演习中,更应贴近市场,为顾客做最直接、快速、高效的咨询服务。于是,从2020年4月开始,成杰和巨海所有讲师都投入到一系列下沉市场、落地咨询的服务中。

每次在企业里遇到高质量的问题,并能给出行之有效的应对策略和解决方案,成杰便会不知疲倦,兴奋莫名。对他而言,这不仅仅是顾客的成长,更是自身的成长。教育培训的目的,不只是解决问题,更是影响、唤醒、成长和改变自己。复工后巨海进行了战略调整,看似为了应对危机,实则更是实践巨海的承诺:成就顾客的心一万年不会改变。

正如成杰在"商业真经"中讲到的那样,利他到极致,幸福自然来。巨海在创业之初得到顾客的信任与支持，是一种幸福；在顾客遇到市场考验时，能够给予其足够的力量与帮助，更是一种巨大的幸福。真正的幸福，一定有让他人快乐的成分。

2020年8月，成杰带着巨海智慧书院的学员走进了贵州茅台镇大福酒业，见证了巨海标杆顾客的成长、改变，以及学习3年的成果：该企业的销售业绩从2016年的3400万元上升到2017年的7000万元，2018年增长到1.17亿元，2019年更是达到了1.43亿元。

从成杰的朋友圈分享里，你会读到满满的喜悦与骄傲。这样的收获与成就，就如同一坛大福酒业的"智慧·大酱宗师"，端午踩曲，重阳下沙，历经2次投粮、9次蒸煮、8次发酵、7次取酒，酿造1年，至少需耗时5年。但是，那些沉淀在岁月里的平和淡然，寄托在工艺里的匠心独具，是比一坛价值不菲的成品酒更值得咀嚼与感悟的幸福体验。

离开大福酒业时，成杰买了上百万元的"智慧·大酱宗师"。他想把这种好酒分享给更多的人，也想把幸福分享给更多的人。

03

如果说幸福是对生命的恩赐，福报则是对灵魂的奖励。智慧不够，我们很容易被事物的表象蒙蔽，找不到幸福的源泉，迷失向上向善的初心。

南朝梁武帝笃信佛教，修了不少寺庙，供养了大批僧尼。印度达摩大师漂洋过海来到中国，梁武帝请他进宫讨论佛学。梁武帝问达摩大师："朕自登九五以来，度人造寺，写经造像，有何功德？"梁武帝一定以为，自己为佛门做了那么多的事情，怎么会没有功德？结果达摩大师回答："无有功德。"梁武帝不悦，达摩大师悄然离去。

在达摩大师看来，梁武帝修庙养僧，并非出自本心，而为沽名钓誉。真正的福报，是正念利他，与人为善，无欲无求；是不断在人生的旅途中，提升智慧，开阔眼界，充盈内心；是坦然面对得失，坚持梦想，做一个豁达通透的人。

14年来，巨海致力于商业培训，从不鼓吹幸福观。成杰相信，幸福是一种能力，也是一种因果的显现，一种学习的结果。一个努力经营事业，开创出一番新世界的人，会进一步学习到：成功是人生追寻的旅途，幸福才是生命最终的归宿。

巨海智慧书院的成立，既是课程的升级，又是帮助事业相对成功的学员拥有对生命更高层次的追求。2018年，巨海智慧书院的学员们在成杰的带领下用8天的时间穿越了两个古老的国家——尼泊尔和不丹，除了游历名山大川，更为了让大家在幸福指数比较高的国家，去探寻幸福的意义。

获得幸福需要哪些条件？成杰用"五好四有"进行过总结。

好政府：好的政府，能给予人民坚强的后盾，给予民族团结的力量，给予国家腾飞的勇气。

好经济：经济强大，衍生市场繁荣；经济萧条，催生商业奇兵。强者破局，智者创新，他们在任何经济状态下都拥有探寻幸福的能力。

好环境：中国正处于近两百年来最好的历史时期，政治稳定，法制健全，社会安定，经济稳步发展。好的环境，才能衍生幸福的基因。

好人文：社会主义核心价值观为中华民族伟大复兴中国梦提供了强大的正能量。良好的人文给予人们幸福的能量，也给予人们幸福的指引。

好时代：在创新、协调、绿色、开放、共享的发展理念下，凝聚起全党、全国人民的磅礴力量，是时代之幸，也是人民之福。

有作为：生命的幸福在于用心经营。孩子经营好自己的学业，成年人经营好自己的工作、家庭、生活，老板经营好自己的企业。经营好身边的一切，有所作为，才能让幸福有所依托。

有时间：研究发现，感到时间匮乏的人幸福感更低，焦虑、抑郁和压力水平更高。创造幸福需要时间的累积。管理好时间，让自己更从容，是获得幸福的重要条件。

有人爱：财富和成功可以让人生活无忧，却不见得能让人拥有幸福。有人爱，不仅仅是让自己为人所爱，更是让自己拥有爱他人、爱世界的能力。爱让幸福充沛，让生命圆满。

有希望：幸福是活在当下，然后期待未来。有希望的人生就像在干涸的沙漠里期待清冽的甘泉，在寒冷的冬天等待明媚的春天。希望就是幸福的土壤，它让幸福生根发芽，并开出最美的花。

大多数的幸福，其实就守候在我们追寻幸福的途中。比如，某个周末的早晨，成杰习惯性地来到书房，开始一天的工作和学习。太太闫敏轻轻推门进来，放了一碗馄饨在书桌上，又悄悄离开。埋头工作的成杰微微一笑，心想：自己真是一个幸福的人。

09
生命的成长在于日日精进

静：探索生命的宽度

01

2020年9月，成杰又回到了四川大凉山老家。废弃的烤烟楼静静地矗立在院子一角，古老的黄泥坯墙记录着数十年如一日的岁月。厨房的瓦片上升腾起白色的炊烟，太阳透过茂密的核桃树投下斑驳的光影。

成杰坐在树荫下，闭上眼睛听微风从耳边掠过，感叹岁月如大河奔涌，却不曾过多改变脚下这片土地。但是，生命会成长。就像头顶上这棵葳蕤的核桃树，成杰离家时它不过是一棵小小的树苗，如今却在院子里撑起一片阴凉，并在繁盛的秋天为人们带来累累硕果。离家20年的成杰，也早已从青涩的少年变成了沉稳的中年人，从一无所有的乡村少年成长为中国教育培训界的领军人物之一，他那颗赤子之心始终没有改变。

这一次返乡，成杰又回到了母校川兴中学，给50名贫困学生送上了资助金。捐助仪式结束之后，成杰又给孩子们送上了饱含深情的寄语——人因梦想而伟大，因学习而改变，因行动而卓越。

成杰为什么会选择这句话作为寄语呢？在现代都市长大的孩子大多很难体会山区的恶劣环境给同龄人带来的苦难。苦难就像隐入泥潭的恐慌，越挣扎，越无力；越呐喊，越无助。苦难是命运撒下的罗网，是自出生起便习以为常的生活境遇。你无法判断它的错与对，只知道，活着就已经很好。

但是，倘若有一天，有人告诉你：这个世界不只眼前的苟且，还有你无法想象的壮阔与宏大，你是否会循着这束智慧之光，冲破命运的牢笼，寻找更丰盛的人生？很多有志之士都会选择试一试，搏一搏。成杰要做的就是，为跟他一样的山里孩子带来一线走向崭新人生的希望。

10余年来，成杰在公益道路上不断践行，也不断受到非议与质疑，但他始终记得自己当年孤身一人从大凉山走向绵阳、南京、上海时，那些向自己伸来的援手。偶尔的关注、短暂的温暖、瞬间的扶持，是沉淀在成杰灵魂底色里最璀璨的光芒、最厚重的力量。他相信，除了让孩子们拥有强悍的生命力，更要让他们看见，生命层层叠叠，不仅有贫穷与平庸，更有高尚与荣耀。

成杰认为，生命有层次，但绝不是以阶级划分的。它以生命的成长和智慧的提升为界限，共分为三层。

第一层是生命的成长。

每个人都要努力扎根在这块土地上，过上自己想要的生活。

第二层是自我的成长。

每个人都要寻找内心的丰盛，人格的独立，精神的圆满。

第三层是灵性的成长。

万物有灵，灵性的成长是精神的升华，是勇攀生命的高处。

从 2003 年进入教育培训行业到 2008 年创办巨海，成杰努力突破命运的禁锢，追寻事业目标，创造美好生活。2008 年的汶川大地震让他从自我中觉醒，获得了灵魂的觉悟，从一个为自己奋斗的人成长为一个为更多的人奋斗的人。

此后，面对那些质疑自己公益初心的人，成杰淡然一笑，不予解释。他深深地懂得：如果不曾经历苦难，你便不会懂得苦难带给人的巨大潜能；如果不曾超越自我，你便不会享受精进的盛大喜悦；如果不曾被善待，你便不会明白人类为什么会永恒地呼唤善良。

02

英国文学家托马斯·布朗爵士讲过一段富有哲理的话："你无法延长生命的长度，却可以把握它的宽度；你无法预知生命的外延，却可以丰富它的内涵；你无法把握生命的数量，却可以提升它的质量。"

即使失去了继续升学的机会，成杰也从来没有放弃过读书与学习的梦想。多年后，每当回到母校或巨海希望小学，他都会无比感慨：如今的教育条件和当年相比，已经优越了无数倍。成杰无比感恩自己的故乡。那些肆意发芽的梦想、蓬勃生长的勇气，从未被碧蓝的天空限制，也从未被贫困的生活扼杀，它们就像倔强的种子，只需要一场春雨，便可以破土而出。

农忙时他在田坎上读书，与稻草人一起仰望天空；寒冬时他围着炉火读书，在前人的智慧里获得温暖的指引。读书，让他成为一个意志坚定、内心果敢的人。他在书里找到梦想之光，并循着这道光走出大凉山，走向未知的世界。

即便已经参加工作，他也从未让书本离身。他在餐厅当服务员，于人间烟火中品鉴经典；在工厂的宿舍里看书，于嘈杂中触摸文学的光亮；在路边摆书摊，除了贴补家用，更是为了拥有更多自由的阅读时间和空间。

也许读书的环境不够理想，但梦想在成杰不断阅读、精进的路上日益清晰。每一次阅读，都可以帮助成杰找到更好的自己，探索出更丰盛的生命。

与此同时，成杰保持着幼年就养成的早起习惯。初到绵阳时，他只能用终日劳作来换取微薄的收入，每天带着极度的疲乏入睡，却依然早早地起床跑步锻炼。也许，他的心中一直有一个坚定的信念——一个迎着太阳奔跑的人，终究会得到太阳的眷顾。

南怀瑾说："能控制早晨的人，就能控制人生。"富兰克林说："我未曾见过一个早起勤奋、谨慎诚实的人抱怨命运不好。"乔布斯4点起床锻炼，村上春树4点半晨起写作……年轻的成杰将早晨用来奔跑，在扑面的晨风里感受前行的力量；在早晨时练习演讲，在四季转换里获得精进的能量。在这个世界上，没有一个人的成功是偶然的。所谓成功，是一次次的早起叠加的自律，是一次次的平凡谱写的伟大。

如今的成杰已经功成名就，依然坚持早起、阅读，从未懈怠。生命智慧就静静地沉淀在晨起朗读的《道德经》里，凝聚在灵性迸发时信笔书写的《日精进》里。

几年前，成杰回顾过往30余年的人生时，问了自己一个问题：如果自己的生命就在当下结束，会不会感到遗憾？答案很确定：不遗憾。

当时间的缝隙都被阅读与学习填满，当生命的宽度和高度因为个人的成长而无限拉伸，当今天的自己比昨天的自己优秀十倍、百倍、千倍，甚至万倍，我们就再也不会辜负自我、虚度人生。所有的生命都终将结束，但只要活得足够精彩，便无所畏惧。肉体会泯灭，但智慧不熄。

03

"如果想要阻挠我，那你必须先将我打败。"这是楚门独自驾着小船在电闪雷鸣、狂风暴雨中对着天空的嘶吼。他不是在对着天空说话，而是在对着操控天气的人、对着操纵他人生的人用尽全力说话。

《楚门的世界》这部经典影片讲述了楚门被操控的一生。楚门并不甘于如此，他决心突破他人对他的操控，宁可放弃万事无忧的生活，也要寻找前路未卜却充满自由和希望的人生。

这是属于楚门的英雄主义，也是属于成杰的英雄主义。真正的英雄主义，不是一无所有时的奋斗与拼搏，而是已经看似富足圆满，却仍然心怀梦想的无畏与担当。

持续精进，让成杰找到毕生奋斗的事业，成为梦寐以求的超级演说家，在26岁的年纪便能年薪百万，光耀门楣；也让成杰开始胸怀大义，愿意为他人、社会、国家而战。

多年后，当初那个期待改变世界的侠义少年早已成为如今通过持续精进获得全行业关注的商业领袖，这让成杰更加相信：我们无法改变他人，但是可以改变自己。

怎样做一个精进的人？成杰以自身的行为准则给出了答案。

第一，终身学习，积极向上。

把学习当成一种生理需求，让它融入你的血液里，贯穿在你的生命里。就像李燕杰教授和彭清一教授，用自己一生的成长影响着更多的人超越自我，挑战极限。

第二，活在当下，尽情体验。

每一次精进，都是将当下做到极致之后获得的经验与智慧。活在当下，做好自己，把握人生每一段旅程，体验人生每一处风景。

第三，成长自己，成就他人。

成长自己是根基，成就他人是格局。以助人为乐、利众利他为精进的出发准则，是一种胸怀，也是一种高度。它让生命更具善良的底色，让自己的成长更有价值和意义。

第四，身入淤泥，不染尘埃。

在工厂流水线作业，突遇停电，许多人都借机打牌、聊天，成杰却摸出一本书，借着窗外露入的微光读起来。无论身处何种境地，都不要忘了自己想做什么样的人，这样我们就永远不会流于平庸，不会陷入黑暗。

稻盛和夫说："当我离开这个世界的时候，我希望带走的是净化过的、崇高的灵魂。"每一次精进，都是生命的拓展，都是灵魂的洗涤，都是智慧的沉淀。所有高质量的生命，从来都不是比拼生命的长度，而是在日复一日里感受精进。

进：拥有成长性思维

01

每位成功人士往往都具有一种特定的心理特征，这种心理特征被比尔·盖茨等很多国际顶尖企业家定为选拔人才的标准之一，它就是成长性思维。

成长性思维的概念，来源于心理学家卡罗尔·德韦克的经典作品《终身成长》。2017年，卡罗尔·德韦克凭借对成长性思维的突破性研究，荣获全球最大的教育单项奖"一丹奖"。根据对能力发展的认知，人们的思维模式可以分为两种：固定性思维和成长性思维。成长性思维认为，天赋只能是起点，人的才智可以通过锻炼提高，只要努力就可以做得更好。

成杰就是成长性思维的受益者。2001年，他离开家的时候，回头看了一眼身后的房子。这是一座拥有浓厚当地风格的自建小楼，一共3层，是父亲的心血。父亲眼看儿子渐渐长大，就省吃俭用准备了房子，等着儿子像当年的自己一样，娶妻生子，然后过着平凡的生活。但成杰越过了眼前的苟且，他像一只展翅的鹰飞过层层山脉，去寻找生命的高地。

多年后，再回到四川大凉山，坐在院子里，吃着母亲和姐姐做的家乡菜，成杰竟一时恍惚，仿佛岁月并没有向前，自己还是那个纯朴的山里孩子。但是，成长已经悄然镌刻在成杰的生命里。如今他再回到家乡，更多的是书写、梳理、反省与复盘。

回顾多年来走过的路程，成杰用自己的经历为成长性思维做了一些总结。

第一，成长永远比成功更重要。

安于享乐和不断成长都是生活方式，不同之处只在于，前者没有理想与追求，享受基本的生存满足；后者心怀远方，追求生命丰盈与内心丰富之后的愉悦。大家选择哪种方式生活，都无可非议，只不过物质是有限的，对精神世界和梦想的追求是无限的，成长永远比成功更重要。

第二，不成长的人等于行尸走肉。

富兰克林说，大部分人在25岁时就死去了，直到75岁才被埋葬。每天做着同样的事，心灵的成长没有和皱纹的生长成正比，这样的日子死气沉沉，这样的人等于行尸走肉。

第三，以日精进为德。

不要抱怨自己的出身、环境，这世界唯一不变的就是变化。日精进为德。日子一天天过去，日日进步就是在给自己积德。它告诫世人，要上进，不懈怠。日日精进的人都将成为行业里的高手。

第四，未雨绸缪，登高望远。

如果只看到眼前的丰收，看不到未来可能出现的坏天气，我们就会失去与风险抗衡的能力。只有不断跳出舒适区，去高处展望，不断超越自我，才能在暴风雨之后享有阳光和幸福。

02

在巨海，几乎每位同事都会拥有宝贵的成长性思维。早上6点，打开朋友圈，巨海企业家讲师董道一如既往地在喜马拉雅FM上阅读和分享《道德经》，以及成杰的《日精进》。他始终记得成杰说的那句话——让学习成为一种生理需求。

多年后，董道回顾人生，在野蛮生长的记忆里探寻灵魂的底色，发现自己的生长线分为两条：一条是苦难的锤炼，一条是学习的觉醒。

董道的家乡在江苏连云港城郊的农村，离连云港市区不过数十公里，但这数十公里便似隔绝了港口的现代与繁华。作为家里的长子，董道早早承担起生活的艰辛，割猪草、捡破烂、采草药、卖水果……勤劳在乡下是一种生存本能，家中的拮据让上学也成了一种奢望。

董道从小聪明，悟性高，成绩出众，被同学们亲切地称为"董事长""大学生"，可惜他读到高一时就因家庭贫困不得不放弃学业，去装修行业做了学徒。1993年，董道到南京做油漆工。他颤颤巍巍地站在竹竿搭的脚手架上，从五层楼的高度望向地面顿时头晕目眩，但他咬紧牙关，告诉自己：吃得苦中苦，方为人上人。这个倔强的少年在生活的锤打里早早披上了一件叫"沧桑"的外衣。

3个月，董道挣了500元，他想，只要肯学肯干，一切就都会好起来的。第二年，董道带着三个人的小团队，每天能挣10元钱。第三年，董道到了张家港工作，每天能挣15元……1996年，董道到一家国营厂做了车间主任，一天最多能挣到1800元，一个月能挣到几万元……

工作上的成功让董道欣喜若狂。不过，22岁时发生的一次意外让董道开始反思、沉淀自己，深思熟虑之后他决定转战大健康产业，从月薪500元干起。因为工作努力，又能吃苦，董道很快在新的行业里找到了自己的位置。从普通员工到市场经理，再到公司掌舵人，他的事业发展得越来越好。公司也在董道的管理下蒸蒸日上，市场拓展到宜兴、苏州、昆山、上海等地。

不过，这些辉煌背后也暗藏着一些隐忧。此时的公司从某种程度上更像一个被吹胀的气球，不仅有老板亲友对管理造成掣肘（公司属于家族企业），还缺乏企业文化、发展理念、员工忠诚度。

2011年，公司经历了一场人事与市场危机，员工从70多人一下子减少到40多人，团队涣散，业务下滑。这一切都让董道万分焦虑，以至于他半夜三更都还在QQ空间上学习一些关于企业管理的课程。董道深知公司遇到的问题如蛛网密布，遗憾的是自己却无处下手。

2012年，董道来到了巨海的课堂上。他听懂了沉淀在成杰行云流水般声音里的厚重与隽永，也感叹于成杰同样出生寒门放弃学业却始终追求精进的卓越。最关键的是，那些如雾霾一样始终遮挡在眼前的困惑迅速消散。

回头看看，董道突然发现，过去所有赚取的成功与财富，不过是经验上的野蛮生长，却不是智慧的丰厚沉淀。也许，该重新审视自己，做一些彻底的改变了。

03

在巨海的学习仿佛为董道打开了一扇通往新世界的大门。过去的董道一言不合，便怒气冲天。除了暴跳如雷，他似乎找不到更好的管理方法。员工对他，只有怕，没有敬；他对员工，只有要求，没有引导。

在巨海的3天课程一学完，董道就开始对公司员工进行了转训。

那些学生时代就拥有的聪明和努力，像一条左突右奔的暗河，重新涌上了地面，找到了新的方向。董道将公司的员工一一送到巨海学习，调整了原有的薪酬制度，倡导在巨海学到的高工资带来高业绩的理念，并且开办了商学课堂。因为公司管理机制彻底改变，员工有激情，发展有动力，40多人创造的价值比70多人的时候还要多。董道火了。有人专门找到董道，以公司60%的股份为报酬，请他管理公司……

2015年，董道做了一种单品，一年的业绩达到了1500万元。2016年，他给公司12位优秀的伙伴每人买了一辆汽车。利众者伟业必成，一致性内外兼修。董道在巨海迅速成长，找到了自己的人生价值与发展方向。2018年，董道在巨海成立10周年庆典上，被成杰聘任为巨海企业家讲师。

正是巨海让董道拥有了成长性思维，拥有了事业上的高速发展。董道也结合自身实际对如何拥有成长性思维进行了总结，具体如下。

第一，信任是最快的学习方法。

当一个人心存疑虑时，任何知识都无法充盈到他的大脑里。相信老师，相信自己，也要学会清空自己。

第二，知难不难，吃苦不苦。

当吃过生活的苦，你会知道，学习的苦与之相比，不过是九牛一毛。不回避，不推诿，迎难而上，苦中作乐，才是正确的做法。

第三，认识自己，更新自己。

人最大的智慧就是认识自己，活成自己想要的样子。当你不断地问自己，你是谁，你要成为什么样的人，你就已经在成长路上了。

第四，保持清醒，保持狂热。

学习时清醒，梦想时狂热，身随心动，乐在其中。不要把情绪带到成长中，但是一定要把热情带到学习中。

第五，价值越大，意义越大。

学习需要结果，学习创造的价值越大，意义越大。没有目标，就没有收获。心有一片海，才能到达理想国。

每个人的生命里都有一片海。有人像渔夫，在浅海里寻找生计；有人像探险家，去深海中挖掘财富；还有一些像成杰、董道一样的人，借着这片海，乘风破浪，奔向远方。永不停止的成长与精进，才是灵魂最终的归宿。

净：在希望里重生

01

人的一生就是与命运不断战斗的过程。

20世纪70年代初，何勇出生在四川江油一个偏僻的乡村，在家中三个孩子里排行老二。初中毕业后，何勇没有继续升学，而是选择外出打工。他知道家里撑不起自己继续学习的渴望，他只想多赚些钱，能为贫穷的家庭减轻一些负担。

卖了5年皮鞋之后，何勇因为工作能力强被老板赏识，并在老板的支持下开始了自己的第一次创业。就这样，何勇赚到了人生的第一桶金。可惜好景不长，由于年纪尚轻，何勇对经营之道知之甚少，只是凭着一股蛮力赚到了一些钱，很快生意就出现了问题。

就这样起起落落数次之后，2008年，何勇返回老家江油，开始做门窗生意。入行时机不错，又有10余年创业经验和双倍努力的加持，何勇的这次创业比以往任何一次都要成功。经营一帆风顺，利润成倍增长，人员逐步增加，企业也进入了当地行业的前三名。可何勇心里却快活不起来。

为了维护顾客资源，何勇每个月大部分时间都在外应酬，很少在家，跟家人的关系也变得疏远了。他得不到家人的理解，更不懂如何与他们沟通，觉得自己就是个多余的人。他不知道，除了拼命工作，自己还可以做些什么；也想不明白，为什么现在有钱了，内心却越来越空虚、寂寞。

怎样才能摆脱心中的迷茫呢？何勇尝试了多种方法，都没有取得显著的成效。此刻，他想起了那个曾经无比渴望学习的自己，想起了自己此前不顾一切的打拼。他觉得，自己不该就这么放弃。

02

给何勇带来希望曙光的就是巨海。2008年，成杰与何勇几乎同期创业。2016年，巨海创业8年，日日精进，万象更新。同样创业8年，何勇在最好的时机与巨海结了缘。

12月6日，何勇来到绵阳"打造商界特种部队"的课程现场。他震撼于激情洋溢的课堂，更羡慕与自己经历类似但在台上挥洒自如的秦以金老师。但多年来忙于业务，疏于学习，第一天的课上下来，何勇并未融入大家。他一个人静静地坐在讲台下面，回忆起20多年前的校园时光，恍若隔世。

第二天的课上，秦以金的一句话让何勇记忆深刻。秦以金说："拳头可以打断一个人的肋骨，语言可以穿透一个人的灵魂。"那一刻，何勇醍醐灌顶。如果人丢失了灵魂，便如鬼魅般飘荡在人间，再多的金钱与欲望都无法满足，都会变得空虚、孤独、恐惧、绝望。

学习到第三天，何勇毫不犹豫地报了12月18日"商业真经"的课程。

2016年12月18日,这场与成杰的相遇,真正拯救了迷茫的何勇。他努力在命运的洪流里举起双手,向巨海发出求救的声音。

本来那段时间,彷徨无着的何勇正准备买一辆越野车去浪迹天涯。但一堂课听下来,他做了一个勇敢的决定:用这笔钱报了成杰的弟子班。

从2017年1月1日起,何勇开始了新的生活。他每天6点起床、跑步,练习普通话,学习演讲。一天、两天、三天……不知不觉中他慢慢疏远了过去的酒肉朋友,也疏远了那些暗无天日的生活。

4月1日,何勇和成杰、巨海智慧书院的师兄弟们一起去灵山游学,看到这些成功的企业家还严格要求自己,日日不忘精进,他深有感触。

游学结束回家后,何勇开始早上5点半起床,坚持读《日精进》,坚持用学习打磨出更好的自己,以弥补自己之前虚度的时光。

半年多学下来,何勇发现,成长的不仅仅是自己,还有在他的带领下一起学习、精进的家人和公司团队。更让何勇惊喜的是,某一天,他突然发现,公司已经成长到可以不再需要自己的程度了。

2017年8月1日,他决定跟随秦以金学习3个月,并加入了巨海101次公益演讲的队伍。

2017年11月1日,成长迅速的何勇创立了巨海成都第二分公司。

回顾过去的人生,何勇相信:生命的意义在于帮助。改变自己是自救,影响众生是救人。从成长自己到成就他人,何勇实现了自己的另一次蜕变。

03

如今,作为巨海专职企业家讲师的何勇无比满足与幸福。当他看到顾客认真做笔记的时候,当顾客真诚拥抱他的时候,当顾客发来微信表示感谢的时候,何勇知道,自己的生命正在发光、发热。

他回顾了自己的经历,总结了关于"精进"的关键词。

第一,持之以恒。

只有持之以恒,才能收获最后的成功。

第二,有的放矢。

方向比努力更重要。跟对人,做对事,为用而学,不是为学而学。

第三,学会分享。

越分享,越成长;越分享,越丰盛。

第四,超越自己。

如今的何勇觉得自己的灵魂饱满而平静,他的生命中再没有"生气"二字。他相信,他已经超越了从前的自己。

一个人的倒下,从来不是因为他的失败,而是因为梦想的破灭、希望的消失、信念的坍塌。一个人最大的破产是绝望,最大的资产是希望。

当回顾起生命中那些摇摇晃晃的时刻,何勇内心愈发笃定,步履愈发坚定。他相信这个世界上所有渺小脆弱的生命,都会因学习而精进,因希望而重生。

境：生命本该日日精进

01

荷花池中，第一天开放的荷花只有极少的几朵，第二天开放的数量是第一天的2倍，之后的每一天，荷花都以前一天2倍的数量开放……假设第30天荷花就开满了整个荷塘，那么第几天的时候，池塘中的荷花开了一半？是第15天吗？不，答案是第29天。这就是著名的荷花定律，也叫30天定律。其本质就是厚积薄发，从量变到质变的过程。

吴春波教授曾经写过一本书《华为没有秘密》。在书中，他这样评价任正非："行万里路，读万卷书，见万种人，干一件事。一位优秀的企业家，就要不断地累积阅历、知识、人脉，然后像一塘含苞欲放的荷，蓄势待发。你看到华为当下的辉煌，更要懂得它沉默时的隐忍。量的累积，才能实现质的飞跃。所谓坚持，就是为了完成从量变到质变的过程。"

成杰也是荷花定律的亲身见证者。2001年，从大凉山到绵阳，从日薪5元的餐厅服务员做起，到2007年在教育培训行业风生水起，年薪百万，仅仅用了6年时间。但是，少有人看到，在最初的5年里，成杰就像一粒深埋在淤泥里的种子无人问津，只有靠着梦想微弱的亮光，一路跌跌撞撞，且败且战。从2003年踏入教育培训行业的大门之后，成杰处处碰壁，少有顺遂。但无论如何，他从来没有放弃过突破与成长。他明白，学习是最好的武器。机会从来都是跟不间断的努力一起飞奔而来。

从绵阳的第一场免费演讲成为校园里的风云人物，到黄浦江边101天练习让演讲能力日臻成熟，再到成为中国演讲界年轻有为的演说家，成杰明白，无数个黑夜与黎明，自己的身体和灵魂都在别人看不到的地方生长。

2008年，成杰创立了巨海。无数质疑随之而来，成杰却怀着一个比当初走出大凉山寻找个人成功宏大百倍、千倍的梦想，笃定前行。

巨海用两年时间实现了盈利，然后用2011年到2014年的时间持续打造团队、产品、企业文化及口碑，从2015年开始进行市场突破、裂变，到2018年巨海创立10周年的时候，创造的效益是过去的不止10倍，巨海更俨然成为中国教育培训界的一颗珍珠。它明亮却不刺眼，它绽放时依然温润无声。巨海的发展，是智慧的沉淀，是梦想的加持，更是精进的收获。

一个人往往高估1年可以做到的事情，却往往会低估10年可以完成的梦想。什么是精进？精进就是一步步向远方的跨越，一米米山峰的攀登，一层层智慧的挖掘。精进是自我的不断刷新；是不被周边影响的执着；是低头走路，抬头看天；是蓦然回首，不知不觉成了自己想成为的人。

02

精进不仅需要执着的勇气，还需要圆融谦逊。成杰常常感恩自己有生之年不但能从事理想的事业，更能遇到引路的明师。

彭清一教授的激情与洒脱，李燕杰教授的温厚与谦和，是成杰精进路上的打磨剂与润滑剂，让成杰得意时从不忘形，成功后更加从容。

成杰始终记得10年前发生在彭清一教授身上的一件往事。那一次，成杰陪彭清一教授去参加一场新闻发布会的演讲。演讲结束后，成杰送恩师回房间休息。正当他道完晚安要离开时，彭清一教授却叫住他，问道："你来给我说一说，我今天的演讲哪里可以更好？"

成杰有些意外，还是立刻回答："老师，您已经讲得很好了。"

彭清一教授却不肯作罢，拉住成杰继续问："我知道我讲得好，我是问你哪里可以更好？"

成杰还想推托，彭清一教授却像个倔强的孩子不依不饶："你要是今天不说出来，我不准你走。"

成杰想一想，认真回答："老师，今天是新闻发布会，时间把控需要更严谨一些，但您讲了1个小时，好像有些超时了。"

彭清一教授认真想了想，明白了成杰的好意："你说得很对，我不能抢了人家的时间，我下次注意控制一下。"

如此，彭清一教授才心满意足地把成杰放回房间休息。

彼时的彭清一教授已经年满80岁，誉满天下，却从未停止过对演讲事业的精益求精，也从来不曾以为自己的人生已然达到巅峰。他拥有自己的骄傲，更随时保持自省，严于律己，宽以待人，永不止步，持续精进。

彭清一教授用一生的坚持，为学生们做出了表率。

而彭清一教授不断追问哪里还可以更好的画面，在成杰的记忆里挥之不去，整整萦绕了 10 年。它在激励成杰持续精进的同时，也让成杰保持了回顾、总结、反思的良好习惯。

正因为如此，当巨海已然成为教育培训行业的领军企业时，成杰依旧没有停止过对未知领域的探索。企业人才的精准培养，城市合伙人制度的共赢共享，课程内容的升级换代，商业模式的快速演变，让巨海的企业核心竞争力在培训行业一直领先。

成杰常常说，一个人从谦卑到自负很容易，但从自负到谦卑就很难。关于什么是谦卑，成杰描绘如下。

谦卑是生命的一种状态。

谦卑就是对世事谦和，充满悲悯之心。生命最好的状态，是没有与生俱来的优越感，只有敬天爱人的慈悲心。这样的谦卑，得人助，得人缘；这样的谦卑，能让我们的生命再上一个台阶。

谦卑是精进的另一种姿态。

谦卑就是不断学习，不断刷新自己的认知。认识到自己在无边知识里的渺小，认识到心存敬畏才是求知的态度，生命才会层层递进，才不会被未知事物愚弄。

谦卑是成功的一种表现。

稻谷越是成熟时，越懂得弯腰。世间万物皆是如此。老子曾把大自然里悟到的智慧浓缩成四个字：功成身退。成杰认为，巨海的成功，就是有一天自己优雅而从容地退场。

精进需要勇气，也需要慢慢咀嚼生活的滋味。在成长中懂得，在懂得中透彻，在透彻中谦卑，在谦卑中成熟，然后在成熟中绽放智慧之光。

03

成杰钟爱"101"这个数字，绵阳的101次免费演讲，上海滩的101天演讲练习，捐建101所希望小学的梦想……这个看似执拗的数字下面，藏着成杰对梦想永远不知疲惫的追求，对未来永远充满好奇的探索。

如果说100是人生的圆满，101则代表着圆满之后的又一次征程。对成杰而言，看起来纷繁复杂的人生只需要拥有短短10个字就够了：简单、专注、聚焦、极致、持续。

离开大凉山后，成杰一路狂奔，从未止步。日日精进成了他人生的主旋律。他用自己的成长经历，写下了《从优秀到卓越》一书，其中的核心思想便是：做事精益求精，做人追求卓越。

那些年，许多人只看到成杰追求成功的表象，以为尽是难挨的岁月、自虐式的坚持，但少有人看到他在追求卓越过程中喜悦的成长、内心的丰盈。

成杰清楚，他找到了自己值得用一生去奋斗的事业。多年后，他告诉大家，力量很重要，方向也很重要，要做自己热爱并且擅长的事情。愚者用生命成就事业，智者用事业圆满生命。精进路上，需要梦想，需要热爱，也需要明师引路。

如今，沿袭当年一有人生感悟和成长体验便会记录下来的习惯，成杰将《日精进》写成了生命里另一部传奇。无数人在《日精进》里获得成长，无数人因为《日精进》成为一个更好的自己。未来的巨海将在《日精进》的引领下，不断追求成长与成功，也不断帮助和成就更多的人。

为此，成杰分四个层级阐释了《日精进》的目标。

第一,从实现个人价值开始,推动和帮助更多人的成长。

第二,把自己做好,把企业做好,实现对社会和国家的贡献。

第三,站在教育的高度,实现企业成功,分享成长逻辑,实现共赢共享。

第四,通过慈善和梦想,影响更多人向上向善,拥有幸福、圆满、自在的人生。

2020年,上海巨海成杰公益基金会与上海市慈善总会长宁分会成立了阳光助学基金,把过去每年资助贫困大学生的名额由50名增加到101名,成杰个人捐出101万元助力阳光助学基金。他将自己创业时的初心融入其中,等待那些和曾经的自己一样永不言败的年轻人,像洁净而虔诚的荷花,终有一日开满生命智慧的荷塘。

10
生命的蜕变在于真正决定

静："决定"决定命运

01

佛经传入中土，翻译版本不同，解读各有争议，法相学有南北两派，各执一词。玄奘便在心中发愿，一定要去天竺求取真经，翻译原典，以求消除中国佛学思想的分歧。这个志愿堪称宏伟，只是未得当朝天子唐太宗的允许，但他内心笃定，径直出走长安，奔赴心中圣地。

西行取经那一年，玄奘29岁。离长安向西，一路上大漠黄沙，四顾苍茫。除了脚下的路，唯有物我两忘，才能支撑他内心虔诚的誓言。

经过4年跋涉，历经千难万险，玄奘终于抵达天竺。他朝读晚修，孜孜不倦地学习了5年。此后玄奘又在天竺十数年如一日讲经说法，并在一场辩经大会上脱颖而出，成为闻名于世的大师。但他无忘初心，于645年带着一身风尘、半世风霜，回到阔别19年的故土长安。

玄奘从印度带回了大量典籍和佛教圣物，其中包括657部佛经，150颗舍利，7尊佛像。此后，又于646年七月组织编写完成了《大唐西域记》一书。该书记录了他用19年时间走完138个国家的生命足迹。

如果没有29岁的这一场出走，便没有玄奘奇异不凡的一生，也恐怕难有此后千年中国佛学的沉淀与演变。这是一场艰苦的修行，是一场虔诚的膜拜，更是一次生命的蜕变。

每个人的一生都会经历成长与蜕变。每一次蜕变，往往是深思熟虑、自我反思之后做出的决定。而生命的智慧，就在那个重要的决定之后，循着梦想的水源、生活的耕耘，深深埋下的一颗种子。每一次的决定，都会让人生和境界上到新的台阶。对成杰而言，他的人生经历了三个重要的决定。

如果说2001年，决定怀揣560元钱走出大凉山，是与命运的最初博弈，那么2003年，果断进入教育培训行业，就是对自我实力与梦想的又一次升级。但真正重要又深刻的决定，需要经过更深层次的思考。

在做出第三个决定的时候，成杰扪心自问：这到底是不是自己内心真正想要的？只有内心极度的渴望与向往，才会产生无穷无尽的内在力量。他反复自我审视，这个决定是因为个人狭小的欲望，还是利众利他的宏伟梦想？因为只有后者才值得忘我的深耕，只有全情的投入才会持续而久远。

就如同玄奘用自己半生的时光、九死一生的经历，追寻悟道的，远远不是个人佛法上的造诣，而是千年以后，内心虔诚的人们都在膜拜的神圣与荣光。多年后，成杰回忆自己人生中的第三个重要决定，一并想起的，还有故乡那条一到雨季就暴涨的河流。

那条河一次次把孩子们与学校隔开；那条河隐喻着家乡的贫穷，命运的不公，时空的隔阂；那条河让成杰有了一个稚嫩但高远的梦想：长大了，一定要为家乡修一所希望小学。这个梦想，为成杰的第三个重要决定，暗暗蓄下了浑厚而果敢的力量。

02

成杰人生中的第三个重要决定，便是2008年创立巨海。

2008年，也许并不是创业最好的时机。全世界经历了金融危机、经济衰退和艰辛的复苏。中国本身也命运多舛，暴雪、汶川大地震、外贸断崖式下滑、地产大幅缩水……这些使得企业界乱象横生，管理失衡。这是教育培训行业最坏的时代，也是教育培训行业最好的时代。

一方面，无数中小民营企业需要企业文化、目标管理、资源配置方面的学习与引导；另一方面，许多以"名师"为招牌，却无法对症下药的企业培训机构一拥而上，一时间泥沙俱下。

市场既有空白，又有乱象。彼时成杰在聚成公司凭借多年奋斗与精进已是首席讲师，年薪百万，声名鹊起。他回头望一眼记忆中那个决定走出大凉山与命运一搏的乡村少年，竟有些找不到来时的路。他一度沉溺于短暂的成功，站在灯火通明、鲜花密布、如雷掌声处，以为这就是人生的巅峰。

2008年的汶川大地震震醒了在安逸生活与平顺事业里略有恍惚的成杰。他在震后的一场慈善活动中与恩师彭清一教授相识。在彭清一教授的引导下，反复衡量职业发展趋势与梦想规划之后，成杰决定离开聚成公司，自主创业，为捐建希望小学的梦想夯实基础。

拼搏多年，终于成为梦想中的超级演说家，但成杰又一次为自己看得见尽头的职业生涯按下了清除键。时隔5年，他再次转换身份，成了四处拜访、寻找顾客的创业者。从表面上看，这一次与在绵阳创业的经历相似，实际上二者却有本质的不同。

如果说5年前的创业仅仅是为了坚持实现成为演说家这个梦想，5年后的创业则是因为一个梦想推动了另一个梦想，一个决定促成了另一个决定。这次的创业还未开始,便被赋予了神圣的使命感。

有人质疑,有人不屑,但成杰将这份使命感揣在怀里前行的时候,就像西行路上的玄奘,对路上可能出现的障碍与苦难,了然于心,无所畏惧。

年少的时候,我们所做的决定往往是源于感性认识,有冲动,也有迷茫。这些决定可能会在岁月的流逝中,被调整、过渡、优化成另一种更好的状态。不会被改变的,是我们在做出这些决定时的果敢,为了推动决定时的成长,以及因为这些决定沉淀出来的生命智慧。

所谓成熟,就是人们不再轻易去做一个决定。因为他们明白,真正的决定是能让自己脱胎换骨、浴火重生的。可能这样的话看起来轻描淡写,践行起来却有伤筋动骨之痛,但日后回忆起来,你将无比庆幸。

多年后,成杰总结了这一次的决定带给他的更新与改变:"创业让我的心智越来越成熟,创业让我的心量越来越宽广,创业让我的心性越来越高远,创业让我的人格越来越完善。"正是这次创业让他发生了脱胎换骨的改变。

03

成杰在《日精进》里写下了这样的文字:"成功不是将来才有的,而是从决定去做的那一刻起,持续累积而成的。"这也是他一路走来的精神写照。

从初创时期开始,捐建101所希望小学的梦想便和巨海紧密联系在一起。巨海还在持续发展中,捐建101所希望小学的梦想被反复提及,总有人觉得这不过是自我炒作。但当百圆裤业创始人杨建新由于这一梦想与成杰惺惺相惜时,成杰深深体会到"念念不忘,必有回响"的神秘力量。

成杰持续给自己源源不断的心理暗示，也从未放弃过拼搏前行。如果成功仅仅靠梦想就能达到，所有的决定就都不会有意义。决定是一种力量，它让人们一边因梦想而目光闪烁，一边因成长而灵魂深邃；决定是一种信仰，从做出决定开始，你便不再平凡，拥有了神祇一般的光芒；决定是一个动词，它不等待、不索求、不喧哗、不浮夸，它以梦为马、驰骋天涯。

当巨海第一所希望小学落地，巨海的发展也被赋予了神奇的力量。原来持怀疑态度的人们开始信任巨海，原来仅仅关注巨海的人们开始加入到支持巨海的队伍中来。但在此之前，成杰从来没有想过放弃，因为他深深地知道，教育从来不该是纸上谈兵、信马由缰，而是应该日日精进、坚持初心。

没有人可以为你的人生做决定，但偶尔向他人"取经"也是一种智慧。当面对人生中重要的决定时，你不妨听听成杰的建议。成杰的建议具体如下。

第一，大事不急。

在人生重要的事面前，不要轻易做决定。特别是年轻的时候，相对感性，容易冲动，慢一点，才能做出正确的决定。

第二，成长自己。

成功需要梦想和实力的高度匹配。只有不断提升自己，完善自己，成长自己，才能让自己达到拥有梦想的能力。

第三，调整方向。

不是所有的决定都是正确的。当发现行走的方向与自己的梦想不符，我们应该及时调整。知错能改，善莫大焉。

第四，独立自主。

你要成为什么样的人，过上什么样的生活，和什么样的人结婚……

这些人生重要的问题，都没有人帮你做主。保持精神独立、行为独立、经济独立和思想独立，你才拥有独立做出决定的前提条件。

第五，梦想开路。

和梦想有关的决定，会让内心更有力量。成杰曾讲过巨海的10年规划：让巨海成为一家伟大的企业。而新的10年，让巨海成为一家百亿级企业。有梦的人生更美，也走得更远。

就像用19年时间取得真经的玄奘一样，成杰怀着对未来世界一无所知却又虔诚无比的信仰，带着对自己既苛刻又温柔的要求，走遍了中国各大城市，去过30多个国家。他用自己的阅读与行走、成长与收获、修炼与悟道，镌刻了一部属于自己，也属于人们的"真经"——"生命智慧的十大法门"。

在这部"真经"中，人们获得了一条最具果敢与力量的智慧：生命的蜕变在于真正决定。

进：真的勇士，向死而生

01

2011年，创立3年的巨海以初生牛犊不怕虎之势，在中国教育培训行业站稳了脚跟。巨海的成功让成杰欣喜，但他并没有忘记自己的追求。他想要的，是在中国教育培训行业树立良好的风气，为顾客提供更有价值的成长，为社会打造真正的精英和模范。秦以金就是在这一年走进了巨海。

初入巨海的秦以金还是一个自我膨胀、唯利是图的商人。他来巨海，就是要改变自己。经过一段时间的学习之后，2012年6月25日，秦以金带上简单的行李、一箱矿泉水、一箱方便面，开着一辆越野车从杭州奔向成都，决心追随成杰去做101场公益演讲。

2100公里、两天一夜、38小时的孤独路程，秦以金却感到内心丰盛，充满了力量。曾经他以为自己是真正的勇士，彼时听着空气从车窗外疾速流动，看着清晰可见却无法预测的前路，他无比坚定地相信，自己做了一个勇敢而正确的决定。

时至今日,作为成杰的得意弟子和巨海的顶梁柱之一,秦以金在课堂上激情洋溢、沉稳睿智,在家庭中尽责尽心,在生活里洒脱从容。他活得既用力又随意,既精彩又淡然。他开始相信,真正的勇士,是敢于和过去告别,是敢于解剖并不完美的自己,是为自己做一个改变自己一生的决定。真正的勇士都是向阳而行的。

02

2020年初,一场新冠肺炎疫情打乱了大家既有的计划。秦以金也和许多人一样,闭门在家。他日日读书、习字,穿一双布鞋在院子里行走,看似气定神闲,心中却时有波澜。

受疫情影响,巨海所有的线下课程暂停,一整年的战略规划被打乱。虽然巨海很快在成杰的引导下开设了直播课,但在商业危机与疫情同步发生的情况下,这种单方面灌输的课程,其影响力和效果并没有达到理想的状态。

4月,疫情得到控制之后,秦以金立刻去了一趟金华,去服务巨海智慧书院的师兄弟们。和他们坐下聊一聊疫情发生后遇到的经营障碍和市场变化下的应急机制,大家才真正懂得伏天备棉袄,晴天备雨伞的重要意义。

服务完金华的企业,秦以金灵光闪现:如果金华的企业家有此困惑,那么大多数企业也会遇到相似的问题。他回到上海,立刻把这个情况和自己的一些想法汇报给成杰。恰巧一直在思考后疫情时代企业如何突破的成杰,也迅速做出一个决定:走进市场,赋能顾客;实实在在帮顾客解决问题,真真切切为顾客创造价值。

自此,秦以金开始了又一次漫长的旅程。从4月到12月,深圳、福州、厦门、漳州、长沙、郑州、重庆、成都……9个月的时间里，秦以金走访和服务了101家企业，中间只休息了3天。

在持续走访中，秦以金深切感受到落地咨询的力量与效果：对顾客而言，落地咨询可以帮助他们直接发现问题本质，并给出解决方案；对团队而言，落地咨询可以帮助他们转换思维，增强信念，稳扎稳打；对巨海而言，落地咨询可以提升顾客信任，增加能量，创造价值。

落地咨询对秦以金而言也有着重大的意义，这其实是9年以后他初心的一次圆满回归。9年前，他可以为了改变自己的人生路径，放下一切，去追逐自己的梦想。9年后，他已经有足够的实力与能量，放下一切，去帮助他人实现梦想。

这些年来，秦以金跟随成杰，最重要的成长便是懂得要为自己的人生做出决定。他常常在课堂上讲一句话："今天的我是由我3年前的选择决定的，3年后的我是由我今天的选择决定的。"

一生二，二生三，三生万物。3个3年，对秦以金而言，是一次生命的轮回。在这个轮回里，秦以金彻底放下了过去的自己。他放下了平庸与粗鄙，拥有了精进与内敛；放下了莽撞与狂躁，充满了睿智与勇敢。

只有真正勇敢的人，才会心怀远大，做一个关于长期主义的决定。过去的秦以金，身上具备的勇敢，更多是年轻时的血气方刚，兄弟间的江湖义气。但这样的勇敢，冲动盖过理性，草莽多过侠义，结果往往事与愿违。

如今的秦以金，他的勇敢来自内心的强大，来自不断精进的智慧，也来自巨海给予的平台支撑。他因为利众与慈悲之心变得圆融而柔和。柔软的心最有力量。

03

有时候，秦以金觉得人生就是一条在海上航行的船。曾经的自己独自驾一叶扁舟，顺波逐流，随时都有倾覆的可能。所幸后来他登上的是一艘巨轮。在这艘巨轮上，每个人都有着自己的责任，但都怀着与船长成杰一样的使命——帮助企业成长，成就同人梦想，为中国成为世界第一经济强国而努力奋斗。

秦以金相信，一个人可以做出决定，一艘船可以驶向梦想。但要真正成功地实践、实施，一定离不开几个因素。

一是好的时代。

新冠肺炎疫情发生以来，中国用最快的速度体现出大国风范与民众团结。好的时代，好风凭借力，会好好送你到达彼岸。

二是好的平台。

好的平台就像一艘结构稳定的航船，它让你既有安全感，又不失对这个世界的好奇与探索。好的平台与好的个人彼此促进，彼此守护，相得益彰。

三是好的团队。

这些年来，无论是个人在巨海的成长，还是因"打造商界特种部队"课程带来的众多实战体会，秦以金都相信，一群人，一件事，一辈子。

成杰常常挂在嘴边的四个字"做好自己"，听起来云淡风轻，实践起来，秦以金才觉得既需要勇气又需要智慧。

如今的秦以金，按他自己的话来说，过着"一半争，一半随"的生活。工作的时候一腔热血，满身激情；工作之余，布衣素履，闲庭信步。未来的人生，除了和巨海这艘巨轮一起，驶向智慧的彼岸，他也有自己的为人处世准则。

一是做一个温暖的好人。

和成杰在一起，除了成长与精进，秦以金还学习到一件重要的事，那就是要照顾他人的感受。成杰每次吃饭，都会顾及左右。这是细节，也是人品。

二是做一个执着的行者。

关于选择和决定，秦以金固执地认为：人生没有对错，只有收获。人生不要停留在原地，而要去体验不同的风景，即使走错了，也要学会在错误中成长。

三是做一个简单的智者。

去泉州讲课，秦以金看到一副朱熹的对联——此地古称佛国，满街都是圣人。他读懂了蕴藏其中的生活智慧：活在当下，放慢速度，学会观察，发现生活之美。越简单，越有力量；越简单，越有智慧。

四是做一个柔软的勇士。

过去的秦以金不过是虚张声势，因自卑与自大而自我包装的"斗士"。巨海和成杰的大爱，洗去了他的浮躁与虚空，留下了实实在在的温柔与慈悲。他因爱而柔软，因爱而勇敢。

人生就是由一次又一次决定组成，然后持续向前的。敢于挑战人生的不确定，才是生命的意义所在。真正的勇士应该怀抱梦想，怀抱坚持，怀抱一颗向死而生的决心。

境：夺冠者胜，自胜者强

01

2003年7月17日，因为听了一场演讲，好不容易在绵阳扎下根来的成杰，做了一个大胆的决定：他要进入教育培训行业，成为一名真正的演说家。

在成杰的生命里，没有一个决定云淡风轻。在敲开培训公司的大门之前，成杰整夜失眠。他重溯了自己年轻的生命历程，看到了那些世世代代传下来的贫穷、苦难、压抑，像乌云和暴雨一样劈头盖脸地压下来。他知道，自己拥有了一个将用毕生的信念和坚持去实现的伟大梦想。

哪怕之前为了开书店东拼西凑的钱打了水漂，也要破釜沉舟，将自己置身于一个完全陌生的环境，去创造另一种可能的人生。

从陌生电话开发顾客到陌生拜访顾客，成杰在全力以赴的同时也从不会被挫折与拒绝击败。他从踏入这条河逆流而上的时候，心里便只有八个字——坚持到底，永不言败。

公司内部员工比赛，谁能在蹲马步的游戏中坚持最长时间，就可以获得100元奖金。许多人在10分钟、20分钟、30分钟时陆续败下阵来，但成杰坚持了1个小时，赢得了最终胜利。在拿到100元资金的同时，成杰也第一次听到四个字——"剩"者为王。

彼时，因强烈的内心驱动和极致的目标完成，成杰在入职的第二个月就迅速成为公司的销售冠军。那一刻，成杰才真正明白：决定只是开始，蜕变才是一个漫长的过程。

生命的蜕变需要在暗夜中孤独前行，在喧嚣中波澜不惊，在艰难或顺遂的环境中都拥有一份坚毅与决心。这份坚毅与决心，不仅属于巨海人，还属于无数有梦想的人们。他们都会在属于自己的舞台上夺取属于自己的冠军。

02

2020年初的新冠肺炎疫情极大地影响了人们的工作和生活。不少企业家在运营公司的时候采取了保守政策，成杰却做了一个让许多人都意想不到的改变：走进市场，赋能顾客。一个人在一无所有的时候，做决定是容易的，因为他没有选择。但当他拥有了成功与财富，理智会帮助他做一些看起来更正确的决定，那就是以不变应万变。不变让人不生事端，不变也是控制风险。但成杰从来相信，只有变才会创造精彩人生。

真正伟大的改变，都是从心出发，格局高远。新冠肺炎疫情得到控制之后，成杰带领巨海团队不断尝试改变：从线下转到线上直播课程；从邀请顾客来学习调整为主动服务顾客，走进顾客的企业中去……他发现，唯有真正走进市场，才能触摸市场的温度，才能分享顾客的喜悦或是焦虑，才能真正实现顾客价值。

从 4 月到 9 月，将近半年的时间里，成杰带领巨海各级管理干部奔波于各地，为出现经营困惑与障碍的顾客送去及时雨。随着行业形势的逐渐好转，成杰坚定地将"走进市场，赋能顾客"作为巨海长期的战略方针。

此后，巨海又推出新的举措。在无数顾客被巨海企业发展与内部管理的严谨与科学折服之后，成杰再次抱着一颗利众与利他之心，推出一门精品课——"向巨海学管理"。

10 月 9 日，"向巨海学管理"在巨海上海总公司隆重开课。成杰从战略、经营、管理、产品、服务、人才、文化七大板块出发，全方位展现了巨海的管理哲学，助力企业家和行业同人领悟管理的艺术，解决他们的管理疑惑。

如同成杰在课程中讲到的，我们的成功一定是建立在顾客成功的基础之上的。从 2008 年巨海创业起，每一个决定、决策、战略，都在实践初心——让巨海成为一家"做自己所说，说自己所做"的公司。

这是一个不确定的世界。我们无法预知明天会发生什么，但可以确认的是，我们永远要为自己的决定负责。

有人问：在做一个重大的决定时，如何面对未知的世界而不恐惧？成杰用自己一次次向命运发起过的挑战给出了完美的答案。

第一，不断提高实力，不断强大自己。

当一个人足够强大的时候，恐惧感就会降低。我们需要不断提高自己的能力和实力，用强大的实力与内心一起战胜恐惧。

第二，当下即未来，做好当下。

就像夜间开车，虽然视野有限，但只要 100 米 100 米地叠加，一样可以开出很远的距离。人生最重要的目标，便是把每天的目标当作习惯。做好自己，即是爱与贡献；做好当下，即是美好未来。

第三，听取他人的意见。

向有智慧的人学习，向有结果的人学习。我们可以听取别人的意见，但最后做决定的，还是我们自己。

03

电影《哪吒之魔童降世》里有这样一个情节：哪吒对老天大吼道："我命由我不由天。"这句台词源自道家典籍，也是中国文化的精髓所在。大禹治水，相信人定胜天；神农为治疫病，遍尝百草；后羿射日，愚公移山……从古至今，从神话到现实，都在将"不认命"当作卓越的一个标签。

因为不认命，成杰离开家乡，寻找吃得饱、穿得暖的生活；因为不认命，成杰放弃开书店，追寻成为一个演说家的梦想；因为不认命，成杰走出舒适圈，希望以创业为基石，帮助更多乡村孩子接受良好的教育。

每一个决定都是对自己的严格要求——做事精益求精，做人追求卓越。皮格马利翁效应说，你期望什么，你就能得到什么。当人们真正做出决定，梦想就不再是天边的彩虹，而是正在萌芽的种子，正在绽放的花朵，或者正在成熟的果实。只需要悉心灌溉，梦想会和幸福一起，加速到来。

2020年10月的一个夜晚，成杰在巨海位于西塘的智慧主题酒店，沏一壶明前的龙井，听窗外承载着吴越文化的流水脉脉而行。银色月光如水般洒落，仿佛带他又回到了家乡，他内心温暖，平静而笃定。

自从2017年首次提及"智慧酒店"的概念，身边的人已经不再质疑成杰的任何梦想。因为回顾他人生的每一次决定，从无落空。只要敢想，便敢去实践。他希望为巨海智慧书院的弟子们提供一块被智慧浸润的净土，一草一木，一呼一吸，于自然环境与生活美学中，感受到生命智慧如清泉般的洗礼。

几年来，他为智慧酒店的选址奔走于各地。如今，巨海首家智慧酒店落户西塘，除了离上海近，还因为他相信在古镇烟雨长廊、石板长街的陪伴和护佑下，人们寻找生命智慧的路径可以再慢一点，稳一点。

少年成杰用自己的未来和拼搏做了一个个连他也不知道对错的决定，但他知道，如果不做，连试错的机会也没有。如今的成杰肩负起重担，一边是面对市场和顾客如履薄冰的责任感，一边是拥有了策马扬鞭、奋起拼搏的实力与果敢。

在一一实践这些决定的过程中，成杰从未后悔。生命就该精彩。当站在梦想之巅，仰望远处无边无际的星云，你会内心谦卑而柔软，一边心存敬畏，一边勇敢前行。

人生是一段无悔的旅行，一旦决定，就负重前行。人生也需要不断回顾与展望、反省与反思，然后在未来的旅程里，永保"夺冠"之心。

偶尔，成杰从激情洋溢的课堂上回家，会一个人静静地坐在书房，读一读《道德经》。"知人者智，自知者明，胜人者有力，自胜者强，知足者富，强行者有志。"

自胜者强。不断挑战自我，战胜自我，是人生的大智慧，是生命历程中最闪耀、最厚重，也是最伟大的"夺冠"。

后记

智慧圆满

静：生命智慧，历史长河中的弱德之美

01

2020年10月，纪录片《掬水月在手》正式公映，它将叶嘉莹先生传奇的一生，在春光缱绻、夏花灿烂、秋色无边、冬雪茫茫里娓娓道来。那件旗袍在风中的飘零，隐喻的便是不曾被岁月风霜打败的优雅与坚强。她历经战乱、政治迫害、海外飘零，晚年回归祖国，从未间断过对古典诗词的研究、创作、教学，呈现了她在诗词长河中寻求人生智慧与意义的生命轨迹。

《朗读者》节目里，董卿这样介绍她："她是白发的先生，她是诗词的女儿，她是中国古典文化的传承者。"叶嘉莹先生说："也许我留下一些东西，也许我写的诗词，你们觉得也还有美的地方。可是我那一柱鲛绡，是用多少忧愁和困难织出来的。"

在叶嘉莹先生看来，在生命的苦难中，你还要有所持守，完成自己，这就是"弱德"。她说："我有弱德之美，但我不是弱者。"是的，所有在苦难中坚持并寻找到生命智慧的人，都是真正的勇者。

我在"生命智慧的十大法门"中写下：生命的强大在于历经苦难。强大与弱德之间，一脉相承的，便是在苦难生活里永不低头的顽强、持守，以及对生命智慧无止境的学习、探索与精进。

在外漂泊的岁月，叶嘉莹无时无刻不在思念故乡。那是她生命的原乡，诗词的原乡。1979年，早已经被聘为加拿大不列颠哥伦比亚大学终身教授的她，坚持回国，并受聘南开大学，这一待就是40多年。

诗词是她的超脱，她的力量，她记录生命智慧的纸与笔。

2020年9月，我手握一本《日精进》，回到故乡大凉山，用一种与过去不同的方式，回溯自己的少年时光，挖掘自己的智慧源泉。

1982年，我出生在四川大凉山。出生前几个小时，母亲为了贴补家里，还挺着肚子，去树林里捡拾蘑菇。怀孕与生产在这里并不金贵，孩子们就像地里一茬又一茬的庄稼冒出来。瘦弱的母体孕育不出强健的身体，贫瘠的土地却积攒出原始的生命能量，只要他能在一个缝隙里发出芽，生出根。这样一颗倔强的种子一旦生存下来，他的理想可能便是星辰大海。

多年后，我看到院子里父亲多年前种下的那棵核桃树。刚种下时，它还不足1米高，如今已经向天空撑开枝叶。树冠繁茂苍翠，挡住了大凉山灼热刺眼的阳光，过滤出温柔而清凉的光线。倦鸟归巢，落叶归根。每每此时，我都会告诉自己，无论飞得多高，走得多远，都不要忘了自己从哪里来。

离开家乡20年，我从来没有忘记过，自己是大凉山的孩子。除了在西昌捐建了3所希望小学，持续关注乡村教育，每一次回乡，我都会抽出时间，去希望小学或者母校看一看，给孩子们送些书籍或礼物，和他们一起分享梦想的力量。

那个曾经坐在暴涨的河水边，发誓要为家乡修建希望小学的8岁少年从未远离。

02

有人说，我们一生努力的方向，便是能够有一天心境坦然、安详地回到故乡。揣着梦想上路，擦拭泪水出发，即使家乡给自己留下的记忆并不美好，但年少的我们告诉自己：离开，是为了更好地回来。

我心中藏着三个故乡。

大凉山，是我的生命原乡，是生命智慧的起源，是深深的乡愁，是无论走到哪里都会牵扯出来的丝丝牵挂。

绵阳，是我的第二个故乡。生命智慧在此萌芽。这里让我在携手同行、彼此扶持中收获了友情，在奋斗中积蓄了腾飞的勇气与力量。

上海，是我的第三个故乡。梦想在此腾飞，人生得以顿悟，灵魂获得觉醒。除了事业与家庭的根基驻足于此，诞生于上海的巨海更以蓬勃之势，为无数企业家和梦想家建立了一个终身学习的智慧空间。

2020年初，全世界都受到了新冠肺炎疫情的突然袭击，我想起了故乡大凉山。

正是因为这些童年无法回避的苦难，给予我出走的勇气，给予我梦想，也给予我在苦难中隐忍、持守的弱德之美。

只有真正经历过苦难的人，才能在苦难再次来临时，保持勇敢与清醒。在人生的某些阶段，活下来就是当下最大的责任。回首往昔，自己的生命已经有了质的飞跃，并且带给更多人在苦难中觉醒，在疲惫中坚持的智慧。经历过汶川大地震之后，我早已经懂得，幸运会突然投怀送抱，但苦难也会猝不及防地袭击你。

　　人生需要时时归零的准备，就像恩师李燕杰教授曾亲笔写下一幅名为"归零"的书法送给我。如今每每看到这两个字，有如看到恩师在世时谦和而坚毅的眼神一路陪伴自己。归零，不是向命运妥协，而是从头布局，再接再厉，迈向另一个巅峰。

　　2020年，由于新冠肺炎疫情的影响，我有了可以暂时停下来，反思过往、展望未来的时机，并借此重新梳理了巨海的战略，确立了"以教育为根，以实业为本，以金融为势，以慈善为魂"的新战略方向。过去巨海一直着力于一头一尾，从2020年开始，巨海进入了实体产业。2020年，对巨海来说，是一个全新的开始。

03

　　许多人都在追求一个圆满的人生，也常常会对"何为圆满"这个看似简单实则深奥的问题心怀疑惑。我回顾过往，在人生的某个阶段，也体验过短暂的实现、虚妄的满足和自以为是的圆满，但是回过头来，立于夜晚的星空之下，依然感慨蜉蝣天地、沧海一粟。由此，我得出了关于圆满的答案：圆满就是不断做好一个又一个当下，不断去实现一个又一个的成功。

　　是什么力量在推着我们不断坚定地前行？我始终相信：从物质的富贵到精神的觉醒，再到灵性的升华，总会有一些人不断超越自我，追逐内心丰盛，去寻找永无止境的生命成长。

　　过去的日子里，事业的飞速发展，顾客的持续增加，外延的不断打开，一度让站在演讲舞台上的我像穿上了传说中的红舞鞋，根本停不下来。

2019 年，我尝试减少课程，多留一些私人时间，以便与自己对话及陪伴家人。2020 年 9 月，巨海第一家智慧酒店落户浙江嘉善西塘古镇。它不仅仅是一家酒店，在更多意义上还是巨海为顾客及家人打造的一个智慧空间。除了设置常规的会议厅，它还将书、画、音乐、茶艺自然植入各个空间，让人们在宁静、美好的氛围里，感知、学习、获得一切来自生活中的智慧。

　　我可以清晰地看到自己的未来：我会慢慢地从企业运营中抽身出来，用三分之一的时间投身演讲事业，用三分之一的时间在巨海智慧书院与学员坐而论道，还有三分之一的时间用来行走世界，寻找与发现更多的美好与智慧。

　　在逆境中崛起，在苦难中前行，在顺境中助人。就像功成名就的叶嘉莹先生，除了以诗词度人，更以无私度人，这样的智慧人生，承载着弱德之美，如星子般温润明亮，在历史长河中恒久闪耀、生生不息。

进：所有的伟大，都是日复一日的平凡

01

　　走出大凉山多年，我无数次梦回故乡，记忆里触摸的，仿佛都是贫瘠干涸的土地和父亲皱纹生长如沟壑的脸。我也会常常记得父亲佝偻着身躯在田里犁地的身影，一如我们的祖辈，倔强而温柔地在属于自己的土地上，书写不朽的生命智慧。

　　一天，一天，父亲将板结干燥的土地耕耘成松软肥沃的田地；

　　一天，一天，父亲带着徒弟们将村里矮小狭窄的土坯房改建成一座座宽敞明亮的小楼；

一天，一天，父亲不断与命运残酷交战，也不断与命运握手言欢。

也许有人说，这样对家庭的牺牲与奉献，是对自己最大的残忍。但所有人类最伟大的家族，大都怀有英雄主义。而父亲持有的英雄主义，是在平凡的生活里日复一日的奉献，年复一年的牺牲，是在物质匮乏的养育中，塑造出另一个具有英雄主义人格的人。父亲所有的正直、善良、隐忍、坚持，糅合我独有的个性与梦想，让我成为整个家族的骄傲。

无论走到哪里，我都会带着父亲临终前交给我的那个存钱罐。那个原本装蛋白粉的罐子，曾经装着父亲多年来省下的两万多元现金和5万元存折，也装着父亲一生的期待与奉献，更装满了父亲用属于自己的方式撰写的家训。

低头做事，抬头做人。带着和父亲一样的谦卑与骄傲，我在贫瘠灰暗的生活里，早早预见到了另一种光彩夺目的人生可能。

02

在教育培训行业，如今的巨海在课程品质、服务水平、企业愿景、落地体系、标准制定等方面都遥遥领先，但我并不以成功者自居。我更愿意成为一名长期主义的践行者。

站在个人成长层面，从2001年走出大凉山，我梦想在10年后成为一个成功的人；从2003年进入教育培训行业，我梦想在10年后成为一名卓越的演说家；从2008年创业，我梦想10年后巨海能成为一家卓越的公司。

我清楚地看到自己当下的平凡，但我相信所有的伟大，都来自日复一日的平凡。

我在忙碌的工厂做一名平凡的工人；在喧嚣的夜市摆一个平凡的

书摊；努力拜访和成交每一位顾客，做好101场公益演讲，在黄浦江边完成101天演讲练习……

所有人都惊讶于希望小学的不断落成，其实为了这个梦想，我每天都在重复着看似平凡的努力。

站在公司成长层面，巨海不短视，不功利，永远以公司价值和品牌为基石，打造属于自己的特色与文化，并以影响整个行业有序发展为己任。许多企业以营销数据为基础，向钱看，而巨海的战略永远是向前看。

2008年——内容为王，策略制胜；

2019年——人才制胜，服务至上；

2020年——服务至上，价值取胜……

未来的巨海一定坚持做好产品，提供好服务，创造好的用户体验。我相信，自己一无所有的时候，都能够站在当下看未来，站在低处看远处，如今经历了从成长到成熟，从成熟到成就，再从成就到成功的事业阶段，格局也从小我转换到大我，渐渐有胸怀也有能量进入无我的状态。无我，恰恰便是生命的最高境界——圆满。

世上从来没有一朝一夕的成功，也没有一蹴而就的伟业。在我们能看得见的荣耀背后，一定有人在寒冷、黑暗、孤独里，默默蛰伏了许多年。

作家路遥曾经选择了一条非常艰难的路。他在随笔《早晨从中午开始》中写下了他创作和奋斗的过程。

他花了整整6年的时间，去创作一本难度极大的长篇小说。在前期的准备工作中，光是阅读书籍和报纸，就花了一年多的时间。他列出了古今中外几百本书单，反反复复地钻研。

小说涉及1975年到1985年10年间中国城乡的社会生活，他找来了这10年里大大小小的报纸，了解当时的历史事件。他去各地考察，体验底层生活的酸甜苦辣，为创作积累素材。最终，他完成的这部作品共计100余万字，字字珠玑，获得了第三届茅盾文学奖。这部小说就是《平凡的世界》。

真正的高手，都是长期主义者。

03

2020年，巨海开始进入实业的布局和投资阶段。我在投资上有一个硬性的考量标准：这个产品或者行业，能否经得住时间的检验。

比如纯粮酿造的白酒大酱宗师，须历经1年生产、2次投粮、9次蒸煮、8次发酵、7次取酒，至少需耗时5年。

又如巨海智慧书院，它将和生命智慧一起青史留名。它不仅仅是门前的一棵松树，屋檐上的一块青瓦，或者风雨廊上的一扇窗棂，更是萦绕在梁柱间的琅琅读书声，浸润在夜色里的淡淡茶香，镌刻于书卷中的圣贤哲思。

在我的规划里，巨海智慧书院建造于当下，更放眼于未来。在网红打卡地层出不穷的当下，也许巨海智慧书院并不以其外观博取大众的眼球，但是100年后、200年后、500年后……被人们记住的绝不是一座房子。它不断吸纳古圣先贤的文化智慧，不断采纳传承者们的思想精髓，然后撑起一片葳蕤的绿荫，启发与造福更多迷茫的生命。

奋勇拼搏多年后，巨海在中国教育培训行业渐渐扎下了根。我见过许多人，经历过许多事，明白在浮躁世界里保持一份初心的重要性。

我感恩每一个不容易的日子，因为那些不容易让人成长，让人奋进。巨海集团成立10周年时，我36岁，事业已经取得了不错的成绩，但我从未止步。彼时，我就许下心愿，希望自己在36岁至48岁这个时间段，让巨海成为一家伟大的公司。

营销和创新会让一家企业变得强大，文化和精神会让一家企业变得伟大。在 2020 年巨海企业文化大训上，我问大家，巨海到底要创造什么价值。答案是：巨海不做昙花一现的强者，巨海要做长期主义的领袖。

如何成为一个长期主义者，我有过如下分享。

第一，在内心深处植入正确的认知。

这个认知是：我们的目标终将会实现，但是没有任何一个目标可以一蹴而就。要积极，但是不要着急，在此状态下持之以恒地前进。

第二，在正确的认知下保持坚定的信念。

曾国藩说："不与君子斗名，不与小人斗利，不与天地斗巧。"有了正确的认知，我们还需克服急功近利的念头与欲望，保持坚定的信念。

第三，在坚定的信念中制定长期战略目标。

十年战略看人生。人们往往高估一年可以做成的事，却往往忽略十年可以完成的梦想。

第四，专注一个方向，持续深耕。

在大数据时代，我们面临的情况越来越复杂。在此形势下，坚持初心，完成深耕，才能从真正意义上不断洞察市场，唤醒价值。真正的长期主义，就是穿透重重迷雾，回归本真，站在未来看现在。

这世间所有的伟大，不过是日复一日的平凡，加上坚持到底的信念。

净：寻找灵魂的家园

01

柏拉图在《理想国》中写道："人的灵魂来自一个完美的家园，那里没有这个世界上任何的污点和丑陋，只有纯净和美丽。灵魂离开了家园，来到这个世界，漂泊了很久，寄居在一个躯壳里面，它忘记了自己是从哪里来的，也忘记了家乡的一切。但每当它看到、听到或感受到这世界上一切美好的事物时，它就会不由自主地感动，它就觉得非常舒畅和亲切。它知道那些美好的东西，来自它的故园，那似曾相识的纯净和美好唤醒了它的记忆。于是它的一生都极力地追寻着那种回忆的感觉，不断地朝自己的故乡跋涉。人的生命历程其实就是灵魂寻找它美丽故乡的路途。"

这是一个充满灵性与能量的世界，无论是那些诗意的美好，还是蓬勃的生机，都在超越物质本身，传递给人类一种除了活着以外，还可以活得更精彩的信息。这种信息不是所有人都能接收到，但是常常抬起头来仰望星空的人，往往比沉溺在市井的人，更能接近真理。

小时候的夏夜，我常常端一张小板凳，坐在院子里看星星。大凉山的天空，白昼被太阳拥抱得无比炽热，夜晚却被月光和星河洗浴得一片清凉。那些远远近近闪烁的星星，像先贤智者的眼睛，既深邃又慈爱地看着我。我仿佛感到有种力量在推动着自己，去更广袤的天地，看看更多未知的世界。

多年后，每每回到故乡，我依然会站在这片星空下，一看就是许久。无论是短暂的光阴，还是漫长的人生，在宏大的时间卷轴里，都不过弹指一挥间，而所有的成功与成就到最后都细若微尘。每当此时，我的心境就会变得柔软、谦卑。有时候我恍惚觉得，头上的那片星空，也许才是自己真正的故乡。

　　生命是一段有趣的历程。当面对强悍的命运无能为力时，我们常常会不由自主地将那些貌似坚强的冷漠当作生命的保护色，掩盖自己的脆弱与无助。可是当自己足够强大，我们却会从内而外变得柔软、感性、慈悲。这时，我们会发现这样的生命愈加饱满、丰盈，我们也会更加喜欢这样的自己。

　　从少年时期因河水暴涨影响上学有了建一所小学的梦想，到汶川大地震惊起少年情怀，我实践捐建101所希望小学梦想的每一步，都踏平了无数坎坷，也穿越了许多苦难。但每次回到希望小学，看到孩子们黝黑脸庞上闪耀如星星的目光，我都会被深深触动，我的心也在瞬间变得柔软而纯净。我和孩子们一起唱歌，一起打篮球，分享人生的价值，传递伟大的梦想。我享受着珍贵的时光，因为那时我和孩子们一样快乐。

　　人生总有些时刻，无所欲，无所求，却满载而归——那些不因利而起的喜悦，帮助他人的欣慰，纯粹、纯净的慈悲，才是我们辛苦来人间走一趟最具光亮、最有价值的一刻。

02

　　到了人生的某个阶段，"爱"成了一个重要的关键词。小时候，爱是一种本能的需求，"爱"是一个名词。我们大多数时候向外探寻、索取，但往往这样的爱浅薄、狭隘、不堪一击。长大后，我们学会了自我审视，向内观照，发现"爱"开始成为一个动词，需要学习、经营，要无私地付出、给予、奉献。

　　"为爱成交·国际研讨会"是我喜欢的一门课程。起初，许多顾客是带着非常实际的目的来的，了解如何快速成交是他们学习的初衷。

在许多企业经营者看来，成交是一种技巧，一种方法。但是，听完这堂课，他们恍然大悟：原来，在所有成功的商业模式的背后，都隐喻着一种爱的表达。真正完美的成交，一定是以爱为初心，再顺其自然，驱动商业价值的产物。

这份爱，是对他人的尊重，对社会的热爱，也是对世界万物的敬畏；这份爱，是向上向善、向阳生长的力量；这份爱，是心有凌云却脚踏实地的勇气与真诚。这份爱，让我们穿越平庸，抵达梦想，创造奇迹。

从 2003 年听到人生中第一次演讲，我开始进入培训行业，"好好说话"成了我潜心学习、研究、传播的一门重要的生命智慧，也是表达爱的一种方法。

有人问孔子，什么是好好说话。孔子回答："言行，君子之枢机，枢机，制动之主。枢机之发，荣辱之主也。言行，君子之所以动天地也，可不慎乎。"孔子善于说话，他说话既讲内容，又讲原则，还讲方法。

林语堂也说："一切的人情世故，一大半是在说话当中。我们的话说得好，小则可以欢乐，大则可以兴国；我们的话说得不好，小则可以招怨，大则可以丧身。"

既然好好说话如此重要，那么要做到好好说话需要符合哪些标准呢？

第一，只要开口，就要对别人有帮助。

一场优秀的演讲，不仅仅需要语言的艺术、流利的口才、洒脱的体态，更应以解决他人的问题为主旨，为听众点亮一盏明灯，指引一个方向，或者带来一些心灵的慰藉。

第二，要讲积极正面、向上向善的话。

说话积极正面、向上向善，就是在普度众生；说话消极负面、向下向恶，就是在谋财害命。好好说话的人让你如沐春风，不会好好说话的人让你如坠冰窟。

第三，每说一句话，都要赋予它含金量。

学习的程度和人生的阅历，决定你说话的水平。多读书，多旅行，提升内在修养，才能出口成章，字字珠玑。拳头可以打断一个人的肋骨，而语言可以穿透一个人的灵魂。

为了满足更多企业家对于学习公众演讲的需求，巨海也特别研发出整套课程——"商界演说家""演说智慧·终极班""超级讲师班"，让大家学会好好说话的艺术，为顾客开启演讲的盛宴，让更多的人学会爱的语言。

一个懂得说爱的人，才能拥有一双慧眼，穿过迷雾重重的人世间，去寻找那片纯净的星空，寻找灵魂的家园。

03

从我们一出生开始，语言便连接起我们对这个世界的认知。回顾我们的过往，一定会有一个人说的某句话，成为我们人生某个阶段的明灯或标尺。揣着这句话，我们步履坚定，内心笃定；因为这句话，面对未知的未来，我们都不曾恐惧与孤独。

父亲是教给我语言智慧的第一任老师。他没有上过学，但知荣辱，明事理，对我言传身教。他的人生经验和生活哲学对我产生了潜移默化的影响。

小时候的我喜欢夸夸其谈。父亲总是让我看田里的庄稼："你看只有那些尚未成熟的稻谷，会高昂着头，而真正成熟的稻谷，会谦卑地低下头、弯下腰。"2001年我离开大凉山时，父亲又告诫我：想要出人头地，先要脚踏实地。

带着这些爱的嘱托和期待，我一步一步走出大凉山，全力以赴做好每一件微不足道的小事，低谷时从容自信，巅峰时心怀谦卑。

人生中的两位恩师，也用他们的语言智慧，让我在人生的重要阶段充满力量，拥有明确的方向。我始终记得李燕杰教授的话："我们要做天空的星斗，相互照耀；不要做沙滩的顽石，相互撞击。"

因此，巨海在发展过程中，绝不仅仅以企业经营为目标，而是以为行业培养优秀人才、提升整个行业服务水平为己任，并且在2020年新冠肺炎疫情发生之后，将巨海成立12年以来优秀的管理经验糅合研发成一门"向巨海学管理"的课程，无私地向顾客分享。

舞蹈家出身的彭清一教授，已经91岁高龄，还依然保持着工作状态，以及对生活的热情。他说，一个人没有激情与热情是很难成功的。激情和热情是什么？激情和热情就是一个人对工作、学习、生活高度责任感的体现。

只有当热情与激情如大江大河澎湃在自己的日历里，我才可以感受到源源不断的智慧在生命中滋长。它让自己在成功时光彩熠熠，在低谷时温润平和。

多年以后，在经历了年轻时向外探寻的过程后，我愈发觉得，真正的智慧恰恰是"归真"。"归真"就是：经历过丰盛富足的生活，开始崇尚简约与朴拙之美；洞察过纷繁复杂的人性，更向往清澈纯粹的快乐。

2020年是巨海历史上重要的一年。过去的沉淀，过去的生长，过去的荣光，都用一种与时代和解的方式，被折叠、收藏在巨海的发展史上。

2020年也是归零的一年。带着这样举重若轻、大道至简的智慧，我拥有了更多思考的时间，更多陪伴家人的机会，也拥有了更多重塑未来的机遇。

这一年，我们意识到，这是人生中一段新里程的开始。我们用生命智慧做指引，带着一颗如初生婴儿般纯净、柔软、无所畏惧的心，继续寻找生命中的那块净土、灵魂里的美好家园。

境：幸福的最高境界——我与我在一起

01

什么是幸福？有的人穷其一生都在追求幸福，却不知道他已经曲解了幸福的本意。

人生的每个阶段对幸福都有着不同的诠释：

婴儿时，幸福是母亲的胸脯，甜美的乳汁；

少年时，幸福是父亲的臂膀，有力的托举；

青年时，幸福是恋人的眼睛，温柔的注视；

中年时，幸福是事业的成长，家庭的圆满；

老年时，幸福是儿女的陪伴，内心的温暖……

幸福不是终点，跑完全场就可以到达；不是悬挂枝头的成熟果实，伸手便可撷取；也不是一个标语、一个口号，喊着喊着便会实现。幸福是一门需要终身学习的课程，幸福也是穿插在漫漫人生里最值得我们咀嚼与回味的珍贵篇章。只要我们拥有了生命的智慧，幸福就会随时随地出现在我们的身边。我们可以将生命智慧当作探索这个世界的指南针，也可以将它当作一本幸福的白皮书。

对我而言，幸福曾经是饭桌上久未出现过的一碗红烧肉，曾经是在寝室里突然发现的一整柜书籍，也曾经是终于站在光芒四射的舞台上成为一名真正的演说家。如今，幸福是事业顺遂，家庭和美；幸福是目标的达成，梦想的实践；幸福是在寻找生命智慧的路途中，不断有人携手前行。

在经历过寻找幸福的过程之后,我相信,应有尽有的幸福并非真正的幸福,"应无尽无"的幸福才是真正的幸福。幸福不是索取、占有,而是探索、实现、创造,并且随时随地拥有敏锐的感知力。当世间万物不是为我所有,而是为我所用时,幸福便近在咫尺。

比如,时时感恩是一种幸福,心中有梦是一种幸福,焦点利众是一种幸福,传道分享也是一种幸福……

这个世界永远没有完美的人生,但一定有趋于完美的人格。在寻找幸福的过程中,我也享受着生命过程中点滴的幸福与喜悦,并梳理出与之相关的生命智慧。

从1994年《肖申克的救赎》登上银幕开始,它就成为许多人心目中难以超越的优秀电影。有人说,它的不凡在于:在人生的每个阶段重温,你都会有不同的震撼和感动,希望、自由、信念、勇气、坚持、友谊、力量……

肖申克被构陷入狱,终身失去自由,还要面对无尽的欺凌与折磨。换个人,或许会在命运的胁迫之下,低下曾经骄傲的头颅。但肖申克用了17年的时间,挖穿了别人说要花600年才可能挖穿的地道,然后在太平洋的一个小岛上安度余生。在苦难的经历中,他没有轻易妥协,却变得更加强大,同时学会了自我审视与体恤他人。

真正的幸福,也是在不完美的人生中不断打磨、不断蜕变的。就像走出大凉山20年的我,在长期的坚持中,在创业这一场不间断的修行中,在对幸福的不断追求与不断感知中,获得了人格的修炼、生命的嬗变。

02

2020 年,"生命智慧的十大法门"以访谈节目的形式分享给了大家。我希望它,让更多人从巨海人的成长中,梳理出通俗易懂、脍炙人口的幸福哲学。

如何才可以拥有幸福圆满的人生?在《成事心法》里,你也许会得到答案。我用五个字为概括。

一曰道:寻找事物发展的方向与规律,做正确的事。

二曰志:无志者,无以生智慧;大志者,大智慧也。

三曰心:以心为师,智慧如海。

四曰善:一念善心起,万般福报来。

五曰行:知而不行,不为真知;行而不知,不为真行。

从 2016 年到 2020 年,巨海进入了高速发展的时期。万物生长,不忘初心,巨海在不断帮助企业成长、引导教育培训行业正向发展的同时,将持续捐资助学,助力乡村教育。"生命智慧的十大法门"不断为巨海及顾客赋能,也不断在时代的变化中吸收更多信息。

在取得了巨大的成功后,巨海不曾安逸地坐享福利,而是时刻保持敏锐与谦卑。我们不断挑战自我,更新产品,也不断提升企业服务理念。我们从不去顺应时代的风口,反而常常逆时而上、逆风而行。这是因为,如果不保持高度的警惕与随时做好危机前的准备,当危机真正来临,再强大的企业也不堪一击。潮水退去,谁在裸泳,一目了然。

2020 年,所有人都面临着挑战,许多人的舒适圈也被打破。我在企业文化大训上对大家说:"如果没有困难,要你干什么?你存在的价值,就是在困难面前,去挑战、去战胜、去超越。"

每个人的生命里都蕴藏着无数潜能,但是它们可能被传统束缚,被命运捆绑，被父母呵斥，被恐惧压抑。站在培训教育的角度，巨海一直在做的，便是帮助一个人挖掘出这些潜能，让每个人都可能成为想成为的那个自己。

尼采曾经说过：教育是解放，是扫除一切杂草、废品和企图损害作物嫩芽的害虫，是光和热的施放，是夜雨充满爱意的降临。它是对大自然的模仿和礼拜，在这里大自然被理解为母性而慈悲的；它又是对大自然的完成，因为它预防了大自然残酷不仁的爆发，并且化害为利，也因为它给大自然那后母般的态度和可悲的不可理喻的表现罩上了一层面纱。

从6岁时试图征服家里那头倔强的小牛，到13岁时想在河对岸修一所学校，再到创业时捐建101所希望小学的梦想，我一直在做自己——无所畏惧又无比柔软的自己。在不断精进的同时，我希望那些嵌在灵魂底色里的英雄主义永不褪色。

03

生命智慧的另一层含义是：只有成为最好的自己，才能获得深层次的幸福。什么是"最好的自己"？我用自己写的一首短诗《我与我在一起》来加以阐述：

> 我与我在一起，是一次久违的重逢；
> 我与我在一起，是一种身心灵的合一；
> 我与我在一起，是一份期盼许久的向往；
> 我与我在一起，是生命自然的临在与觉察；
> 我与我在一起，是生命真实的存在与显现。

2016年1月5日，我带领巨海智慧书院的学员们到马尔代夫游学。置身于碧海蓝天下，我感受到一种真我与自洽的人生境界。我第一次发现，人不但要奔跑，要奋斗，还要偶尔停下来，和自己对话。

创业以来，巨海经历过各种各样的挑战，最艰难时也曾面临着发不出员工工资、公司举步维艰的窘迫。但这些财务与经营上的困难，对我而言，都不及洞察人性后的无奈与沮丧。就像2013年，曾经倾尽全力想成就的骨干突然离去，我终于明白，所有的人，包括自己的至亲至爱，都可能会半程离去。我们需要前行的信仰，也需要面对真相的智慧。

我与我在一起，是生命的觉醒，是智慧的开悟，也是经历过灵魂的洗礼之后对信仰的忠诚。我与我在一起，才能接纳世间的美好与无常，才能在顺境时心怀感恩，逆境时笃定从容。

在共同经历了艰难而伟大的2020年之后，我想告诉大家，应该以一颗怎样的心去面对困难。

第一，看清本质。

凡事有因果。解决困难的关键是找到困难的源头，再对症下药，而不是盲目自信。

第二，积极面对。

就像《肖申克的救赎》，所有人都觉得肖申克的人生无望，但他依然为自己的人生找到了另一种可能，因为在困难面前，他从来不曾放弃。

第三，寻找方法。

过去读的书、走的路、人生经验、生活常识都将存贮在我们的大脑里，随时给我们提供解决问题的方法和技巧。

第四，借助他人的力量。

古人云："假舆马者，非利足也，而致千里；假舟楫者，非能水也，而绝江河。"我们需要借万物御天下，借天时、地利、人和，解决当下的困难。

我也再一次为大家解答了一个反复被提及的问题：如何才能更加接近幸福。要更加接近幸福，需要在以下几个方面努力。

第一，回归简单。越简单，越幸福。

第二，保持纯粹。永远拥有赤子之心。

第三，降低物质欲望。物质短暂，精神不灭。

第四，学会放下。舍即是得。

第五，面对真相。真相才会带来解脱，让人获得力量。

在回答问题之前，我也问了自己三个问题，作为送给自己未来的礼物。

一、我是否拥有20年前从零开始打拼的那份勇气？

二、我是否还拥有创业时的那一份初心、激情和梦想？

三、今天的我是否比曾经一无所有的我更努力？

答案是肯定的。那一刻，我仿佛又回到马尔代夫的碧海蓝天下，自在而惬意。我想，一切从心出发，幸福就在当下。

成杰